中等职业学校技能型紧缺人才培养规划教材

# 中文 CorelDRAW X4 平面设计

袁 晶 编

西北工业大学出版社

**【内容提要】**本书为中等职业学校技能型紧缺人才培养规划教材。全书内容包括初识 CorelDRAW X4、图形的绘制与调整、颜色填充、对象的操作、交互式工具的应用、透镜效果与图形色调、位图的处理、使用文本、打印输出。书中配有生动典型的实例，每章后还附有应用实例及习题，这将使读者在学习和使用 CorelDRAW X4 创作时更加得心应手，做到学以致用。

本书可作为中等职业学校 CorelDRAW X4 平面设计课程的教材，同时也可作为培训班教材及平面设计爱好者的自学参考书。

图书在版编目（CIP）数据

中文 CorelDRAW X4 平面设计/袁晶编．—西安：西北工业大学出版社，2009.12
中等职业学校技能型紧缺人才培养规划教材
ISBN 978-7-5612-2666-7

Ⅰ．中…　　Ⅱ．袁…　　Ⅲ．图形软件，CorelDRAW X4—专业学校—教材　　Ⅳ．TP391.41

中国版本图书馆 CIP 数据核字（2009）第 188689 号

出版发行：西北工业大学出版社
通信地址：西安市友谊西路 127 号　　　邮编：710072
电　　话：（029）88493844　88491757
网　　址：www.nwpup.com
电子邮箱：computer@nwpup.com
印 刷 者：陕西兴平报社印刷厂
开　　本：787 mm×1 092 mm　1/16
印　　张：13
字　　数：341 千字
版　　次：2009 年 12 月第 1 版　　2009 年 12 月第 1 次印刷
定　　价：22.00 元

# 序　言

　　社会的进步和经济水平的提高，使得电脑的应用越来越广泛，熟练掌握电脑操作和技巧也成为每个现代人的必修课程。国家有关部门的最新调查表明，我国劳动力市场严重短缺计算机技能型人才，因此，快速、熟练地掌握计算机的基本技能，已经成为很多人的迫切需求。

　　为了适应目前中职教育及我国经济发展的需求，我们根据《教育部等七部门关于进一步加强职业教育工作的若干意见》的指示精神，在深入调查研究的基础上，会同IT专家、中等职业学校教师、职业教育教研人员，按照专业的培养目标与规格进行整体规划，策划了本套教材。本套教材以教育部办公厅、信息产业部办公厅联合颁布的《中等职业学校计算机应用与软件技术专业领域技能型紧缺人才培养培训指导方案》为依据，遵循"以素质为基础，以职业能力为本位；以企业需求为基本依据，以就业为导向；适应行业技术发展，体现教学内容的先进性和前瞻性；以学生为主体，体现教学组织的科学性和灵活性"等技能型紧缺人才培养培训的基本原则。

　　本套教材可作为中等计算机职业技术学校和高职非计算机专业的教材，也可作为初、中级培训班的培训教材和初学者的自学用书。

　　本套规划教材的主要特色如下：

　　（1）在基础和理论知识的安排上以"必需、够用"为原则，每本书中的理论知识内容均以实际应用中是否需要为取舍原则，以能够满足实际应用需求为技术深度控制的标准，尽量避免冗长乏味的电脑历史或深层原理的介绍。

　　（2）采用了项目教学法，以任务驱动的方式安排内容，让学生零距离接触所学知识，快速拓展学生的职业技能。

　　（3）追求语言严谨、通俗、准确，专业词语全书统一，操作步骤明确且描述方法一致，避免晦涩难懂的语言与容易产生歧义的描述。此外，为了方便教学使用，在书中每章开头明确地指出本章的教学目标和重点、难点，既有助于教师抓住重点确定自己的教学计划，又有利于读者自学。

　　（4）列举了大量的实例，以增强学生的学习兴趣和自主能力，让他们在掌握理论的基础上能够进行具体操作。

　　（5）对于兼有中英文版本的软件，一律舍弃英文版而选用中文版，充分保证图书的普及性。

　　（6）为了方便教师开展教学活动，我们将为教师免费提供与教材配套的电子课件及相关素材。

　　为了进一步提高教材质量，非常欢迎全国更多的从事中等职业教育的教师与企业技术专家与我们联系，帮助我们加强中等职业教育教材建设。对于教材中存在的不当之处，恳请广大读者在使用过程中给我们多提宝贵意见。

中等职业学校技能型紧缺人才培养规划教材编审委员会

# 前　言

CorelDRAW X4 是 Corel 公司推出的图形图像绘制和处理软件，CorelDRAW 是集设计、绘画、制作、编辑、合成、高品质输出、网页制作与发布等功能于一体，使创作的作品更具专业水准。

本书对 CorelDRAW X4 软件进行了详细的讲解，通过大量的操作技巧与具有代表性的实例，使读者能快速直观地了解和掌握 CorelDRAW X4 的主要功能与创作技巧。

本书是为中等职业学校计算机应用专业编写的教材，根据教育部职业教育与成人教育指导方案的要求而编写。通过对本书的学习，读者能够掌握图像制作的基本知识和操作技能，并在实际工作中得以广泛的应用。

本书采用"任务驱动、案例教学"的形式编写，且每一章后都附有应用实例，详细介绍了中文 CorelDRAW X4 的功能与应用，具有较强的实用性和指导性。

本书共分为 11 章：

◆　初识 CorelDRAW X4

◆　图形的绘制与调整

◆　颜色填充

◆　对象的操作

◆　交互式工具的应用

◆　透镜效果与图形色调

◆　位图的处理

◆　使用文本

◆　打印输出

◆　行业应用实例

◆　上机指导

本书可作为中等职业学校平面设计课程的教材，同时也可作为培训班教材及计算机爱好者的自学参考书。

由于编者水平有限，不足之处在所难免，恳请广大读者将使用情况及各种意见、建议及时反馈给我们，以便我们在今后的工作中不断地改进和完善。

编　者

# 目　录

# 第 1 章　初识 CorelDRAW X4

【学习目标】

本章将对 CorelDRAW 的发展历程、基础操作以及位图与矢量图等进行介绍。通过本章的学习，用户可对 CorelDRAW X4 有一个初步的了解，为后面的学习奠定基础。

【学习要点】

★ CorelDRAW 简介

★ CorelDRAW X4 基础操作

★ 位图与矢量图

## 1.1　CorelDRAW 简介

CorelDRAW 于 1989 年由加拿大的 Corel 公司推出，到现在已经有 14 年的历史了，虽然时间不长，但已经成为世界闻名的平面图形图像设计软件之一。

CorelDRAW 第一版于 1989 年春季面世，这是专门为 Microsoft（微软）设计的。一年后，开发商向大众推出了 CorelDRAW 1.01 版，它在功能方面增加了滤镜，并且可兼容其他的绘图软件。

1991 年秋天 Corel 公司推出了 CorelDRAW 2，这时的 CorelDRAW 已经具备了当时其他绘图软件都不具备的功能，如套封、立体化和透视效果等。

CorelDRAW 2 的推出虽然为 CorelDRAW 树立了新形象，但 CorelDRAW 的第一个里程碑应该是 CorelDRAW 3，它是今天功能齐全的绘图组合软件的始祖，也是第一套专为 Microsoft Windows 3.1 设计的绘图软件包，其中包括 Corel PHOTO-PAINT，CorelCHART，CorelSHOW 与 CorelTRACE 等应用程序。

CorelDRAW 4 于 1993 年 5 月推出，Corel PHOTO-PAINT 与 CorelCHART 的程序代码经过整理后，在外观上也更接近 CorelDRAW。

CorelDRAW 5 于 1994 年 5 月推出，此版本兼容了以前版本中所有的应用程序，被公认为是第一套功能齐全的绘图和排版软件包。

CorelDRAW 6 是专为 Microsoft Windows 95 设计的绘图软件包，它充分利用了 32 位处理器的能力，提供了用于三维动画制作与描绘的新应用程序。

CorelDRAW 7 于 1996 年 10 月正式推出，它是第一套充分利用 Intel MMX 技术的软件包。但 CorelDRAW 7 尚未普及，便退出了市场，取而代之的是 1996 年 12 月推出的 CorelDRAW 8，它与以前版本有很大不同，整个界面发生了很大的变化，且功能也更强大，具有出版、绘图、照片、企业标志、企业图片等图像创作能力。之后的 CorelDRAW 9 增加了许多点阵图处理的功能，还附带了 Corel PHOTO-PAINT 与 Corel CAPTURE 两个功能强大的软件。

CorelDRAW 10 在 CorelDRAW 9 的基础上又做了很大的改进，其网络处理功能得到了更大的增强，可方便地制作出更丰富活泼的图像以及输出 HTML 代码；其新增加的 Image Optimizer（图像优化器）可以使图像更小，以方便在网络上传输。

在 2002 年，CorelDRAW 11 被推出市场，它的工作界面焕然一新，工作区域比以前的版本具有更大的灵活性，增加了许多效果和工具。

CorelDRAW 12 集设计、绘画、制作、编辑、合成、高品质输出、网页制作与发布等功能于一体，使创作的作品更具专业水准。

CorelDRAW X3 具有更加人性化与亲切的窗口视图，新的智能绘图工具、捕捉对象功能以及文本新特征。

平面设计的不断普及，促进了平面设计软件的不断更新。CorelDRAW X4 是目前的最高版本，随着版本的升级，其功能越来越强大，利用它可以轻松地制作出各种特殊效果。

### 1.1.1　运行 CorelDRAW X4

如果要运行 CorelDRAW X4，可选择 ▧开始 → 所有程序(P) ▶ → ▧ CorelDRAW Graphics Suite X4 → ▧ CorelDRAW X4 命令，即可打开程序的初始化界面，如图 1.1.1 所示。

初始化界面消失后，屏幕上会显示出 CorelDRAW X4 的欢迎界面界面，如图 1.1.2 所示。

图 1.1.1　CorelDRAW X4 的初始化界面　　　　　图 1.1.2　CorelDRAW X4 的欢迎界面

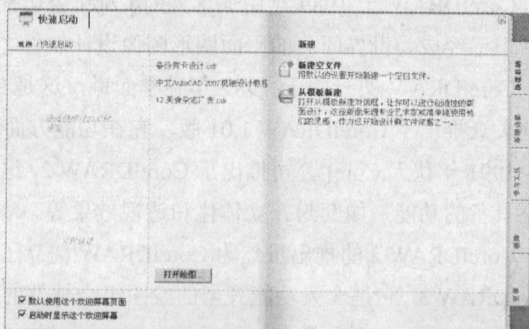

在此界面中提供了 4 个图标，单击任意一个图标，都可以启动 CorelDRAW X4 的操作界面进行工作。其功能如下：

新建空文件：CorelDRAW X4 将会以默认的格式新建一个图形文件。

从模板新建：可在 CorelDRAW X4 提供的专业模板中选择一个模板，选择时需要放入其配套光盘。

打开绘图：CorelDRAW X4 将打开存储过的任意一个图形。

最近使用过的文件预览：CorelDRAW X4 能够载入最后五次打开的文件，单击文件名可打开该文件继续编辑。

单击新建图形图标，可进入 CorelDRAW X4 的绘图界面，同时打开一个新建绘图页，这时用户已经进入了 CorelDRAW X4 矢量绘图的神奇天地。

### 1.1.2　CorelDRAW X4 的工作界面

关闭欢迎界面，进入工具环境，单击工具栏中的"打开图形"按钮▧，任意打开一个图形文件后，可进入 CorelDRAW X4 的工作界面，如图 1.1.3 所示。

## 1．标题栏

标题栏位于文件窗口的顶部，其左侧显示了当前文件名，右侧是用于最小化、最大化及关闭窗口的几个按钮。如果单击标题栏最左侧的■图标，可弹出一个下拉菜单，在该菜单中选择适当的命令，可对应用程序窗口进行移动、最小化、最大化、关闭等操作。

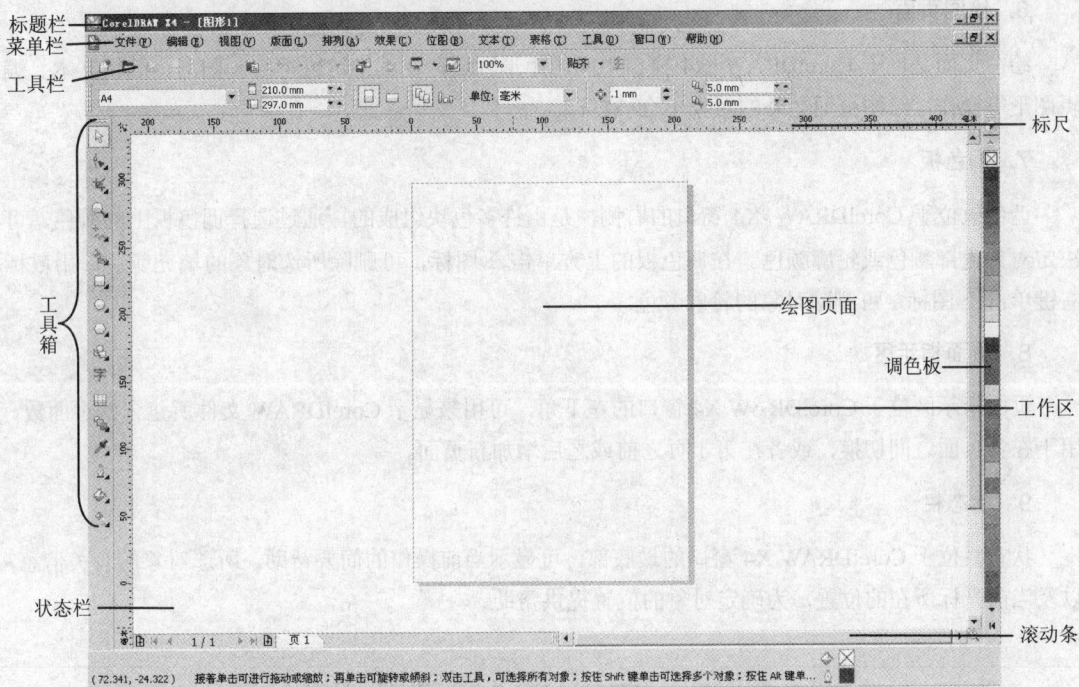

图 1.1.3　CorelDRAW X4 工作界面

## 2．菜单栏

菜单栏位于标题栏的下面，列出了 CorelDRAW X4 所有的绘图命令，其中包含 12 个菜单。在每个菜单下又有若干个子菜单，每一个菜单都代表一系列的特殊命令，选择之后将会弹出这些命令或相应的对话框。此外，通过单击菜单栏右侧的几个按钮，可最小化、最大化或关闭当前文件窗口。

## 3．工具栏

在工具栏中提供了 CorelDRAW X4 中最常用的一些命令，这些命令与菜单栏中的某些命令相对应。工具栏中的按钮按功能分类，大致可分为新建、打开、保存、撤销与帮助 5 类。

## 4．工具箱

默认状态下，工具箱位于工作窗口的左边，其中包含了一系列常用的绘图与编辑工具。有些工具按钮右下角有一个小黑三角形，表示在此工具组中还隐藏着其他工具，只要将鼠标指针移至带有小黑三角形的按钮上，按住鼠标左键不放，就会出现这些隐藏的工具按钮。

## 5．标尺、辅助线、网格与捕捉

标尺分为水平标尺与垂直标尺，可用来显示各对象的尺寸及其在工作页面上的位置，可通过选择菜单栏中的 视图(V) → 标尺(R) 命令打开或关闭标尺。

辅助线包括横向、竖向与倾斜几种类型，用来辅助确定对象的位置或形状。要创建辅助线，只需单击标尺并向工作区拖动即可。创建辅助线后，可以调整其位置，并可以对其进行旋转。

网格是页面上均匀的小方格，与辅助线一样，也是用来辅助确定对象的位置或尺寸的。

所谓捕捉是指在绘图时使光标沿网格、辅助线或对象精确定位，以精确绘制图形的一种功能。

### 6. 绘图页面

绘图页面是位于 CorelDRAW X4 窗口中间的矩形区域，在其中可进行绘制图形、编辑文本、编辑图形等操作，绘图页面之外的对象不会被打印。

### 7. 调色板

调色板位于 CorelDRAW X4 窗口的右侧，是由许多色块组成的，通过选择调色板上的颜色，可决定对象内部颜色或轮廓颜色。在调色板的上方单击╳图标，可删除所选对象的填充颜色；用鼠标右键单击╳图标，可删除对象的轮廓颜色。

### 8. 页面指示区

页面指示区位于 CorelDRAW X4 窗口的左下角，可用来显示 CorelDRAW 文件所包含的页面数，用于在各页面之间切换，或者在第 1 页之前或之后增加新页面。

### 9. 状态栏

状态栏位于 CorelDRAW X4 窗口的最底部，可显示当前操作的简要帮助、所选对象的有关信息，以及当前光标所在的位置，为确定对象的位置提供帮助。

## 1.2　CorelDRAW X4 基础操作

CorelDRAW X4 的基础操作包括文件的基本操作、绘图显示模式、设置显示比例、预览显示、版面设置以及辅助设置等，本节将介绍这些基本的操作。

### 1.2.1　文件的基本操作

进入 CorelDRAW X4 之后，在设计作品的过程中，需要进行创建新文件、打开已有文件、保存或关闭文件等操作，这也是 CorelDRAW X4 中文件的一些基础操作，下面对这些操作分别进行介绍。

#### 1. 新建和打开文件

新建或打开一个图形文件的方法有多种，下面分别介绍。

（1）启动 CorelDRAW X4 后，屏幕上会出现 CorelDRAW X4 的欢迎界面，单击"新建图形"图标 ，即可创建一个图形文件；单击"打开图形"图标 ，弹出 打开绘图 对话框，如图 1.2.1 所示，可以从中选择需要打开的图形文件。

（2）如果已经在 CorelDRAW X4 中完成了图形的绘制，要想再新建一个文件，选择菜单栏中的 文件(F) → 新建(N) 命令，或按"Ctrl+N"键新建文件；选择菜单栏中的 文件(F) → 打开(O)… 命令，或按"Ctrl+O"键可打开文件。

（3）通过 CorelDRAW X4 工具栏中的"新建"按钮 和"打开"按钮 来新建和打开文件。

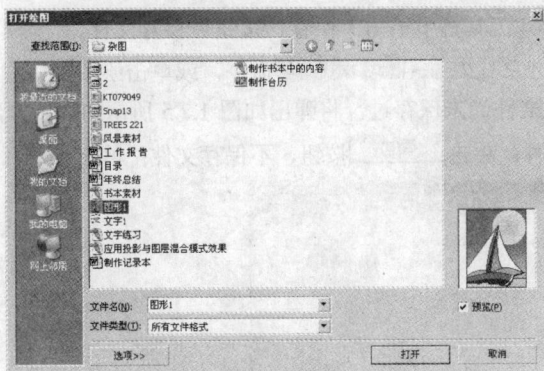

图 1.2.1　"打开绘图"对话框

### 2．导入和导出文件

CDR 格式是 CorelDRAW X4 默认的文件格式。不同的应用程序默认的文件格式也不相同，但在 CorelDRAW X4 中可以使用导入命令将位图和文本文件等导入到 CorelDRAW X4 中进行编辑，也可以将 CorelDRAW X4 编辑完成的文件导出为可以被其他应用程序使用的文件。

要用导入命令导入文件，可在 CorelDRAW X4 中选择菜单栏中的 文件(F) → 导入(I)… 命令，或在工具栏中单击"导入"按钮，弹出 导入 对话框，如图 1.2.2 所示，从中选择需要导入的文件后，单击 导入 按钮即可。

使用导出命令，可将 CorelDRAW X4 中绘制好的图形输出为位图或其他格式的文件。选择菜单栏中的 文件(F) → 导出(E)… 命令，或单击"导出"按钮，弹出 导出 对话框，在 保存类型(T) 下拉列表中可选择需要导出的文件格式，如图 1.2.3 所示，单击 导出 按钮，可在弹出的相应对话框中设置该格式的相关参数，然后单击 确定 按钮，就可完成文件的导出。

图 1.2.2　"导入"对话框

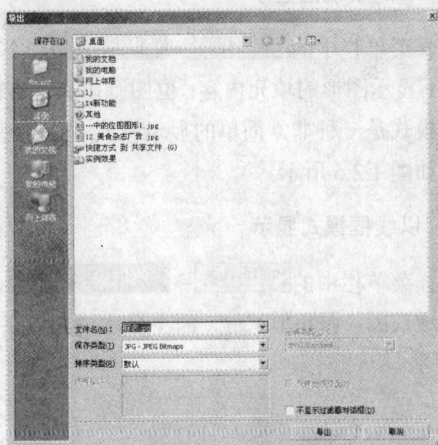

图 1.2.3　"导出"对话框

### 3．保存和关闭文件

当完成一幅作品后，需要将文件保存并关闭。下面介绍保存和关闭文件的多种方法。

（1）选择菜单栏中的 文件(F) → 保存(S)… 命令，或按"Ctrl+S"键可保存文件；选择菜单栏中的 文件(F) → 另存为(A)… 命令，或按"Ctrl+Shift+I"键可另存储文件。如果是第一次保存文件，将弹出如图 1.2.4 所示的 保存绘图 对话框。在对话框中可以设置文件名、保存类型以及版本等选项。也可在 CorelDRAW X4 工具栏中单击"保存"按钮圈保存文件。

（2）选择菜单栏中的 文件(F) → 关闭(C) 命令，或单击绘图窗口右上角的"关闭"按钮 X ，来关闭文件。此时，如果文件尚未保存过，将弹出如图 1.2.5 所示的提示框，询问是否保存文件。单击 是(Y) 按钮，保存文件；单击 否(N) 按钮，不保存文件；单击 取消 按钮，取消保存操作。

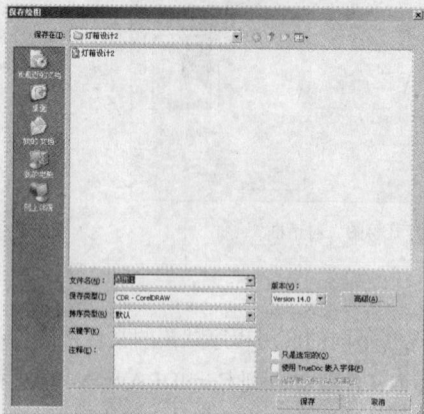

图 1.2.4  "保存绘图"对话框

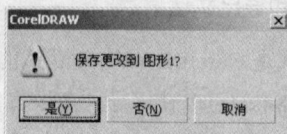

图 1.2.5  提示框

## 1.2.2  绘图显示模式

在 CorelDRAW X4 中，为了提高工作效率，系统提供了简单线框、线框、草稿、正常、增强和使用叠印增强 6 种图像显示模式。在不同的视图模式下，显示的画面内容、品质会有所区别。但这些显示模式只改变图形显示的速度，而对打印结果完全没有影响。

### 1. 以简单线框显示

选择菜单栏中的 视图(V) → 简单线框(S) 命令，以简单的框架模式显示视图，只显示图形最基本的框架，不显示图形的填充内容；位图则以灰色点阵图显示；立体化对象、调和对象则只显示控制对象。此显示模式是一种非常简单的显示模式，显示速度非常快，便于快速查看某些对象，简单线框模式显示效果如图 1.2.6 所示。

### 2. 以线框模式显示

选择菜单栏中的 视图(V) → 线框(W) 命令，以线框模式显示视图，只显示图形的基本框架，包括立体透视图、调和形状等，而不显示填充效果；位图则以灰色点阵图显示。线框模式显示效果如图 1.2.7 所示。

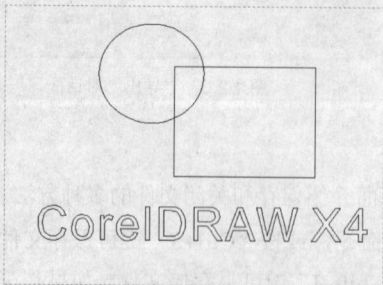

图 1.2.6  简单线框模式

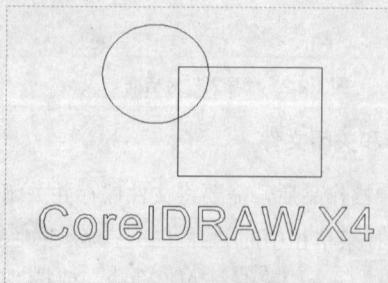

图 1.2.7  线框模式

**3．以草稿模式显示**

选择菜单栏中的 视图(V) → 草稿(D) 命令，以草稿模式显示视图，它是一种比较粗糙的显示模式，页面中所有的图形均以低分辨率显示。此种模式的显示速度也较快，适用于对图形显示质量要求不高，文件尺寸较大或硬件配置较低的电脑。草稿模式显示效果如图 1.2.8 所示。

**4．以正常模式显示**

选择菜单栏中的 视图(V) → 正常(N) 命令，以正常模式显示视图，可显示出图形的实际情况，它是最常用的显示模式，既能保证图形的显示质量，也不影响计算机显示图形的速度，正常模式显示的效果如图 1.2.9 所示。

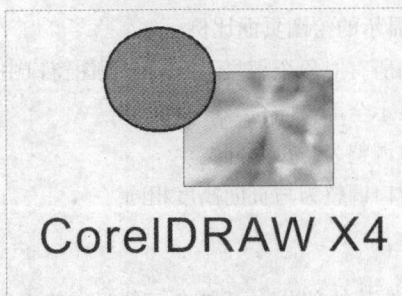

图 1.2.8　草稿模式　　　　　　　　　　图 1.2.9　正常模式

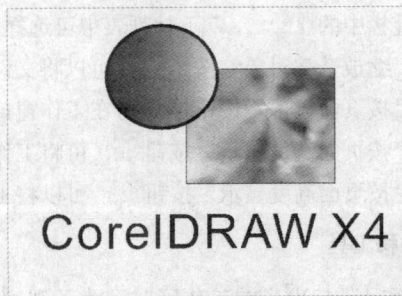

**5．以增强模式显示**

选择菜单栏中的 视图(V) → 增强(E) 命令，以增强模式显示视图，此模式呈现视图的最佳显示效果。如果对视图中的图形质量要求很高，就应采用此显示模式。在增强模式下，系统将以优化图形的方式显示视图，使对象的轮廓更加光滑，过渡更加自然，以得到高质量的显示效果。增强模式显示效果如图 1.2.10 所示。

**6．以使用叠印增强模式显示**

选择菜单栏中的 视图(V) → 使用叠印增强(C) 命令，以使用叠印增强模式显示，视图在此显示模式下，系统将以高分辨率显示所有图形对象，并使图形圆滑，这种模式也是系统默认的模式。使用叠印增强模式效果如图 1.2.11 所示。

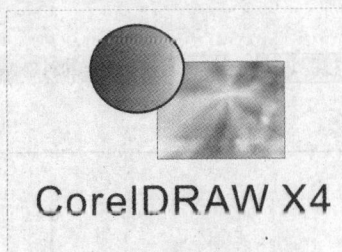

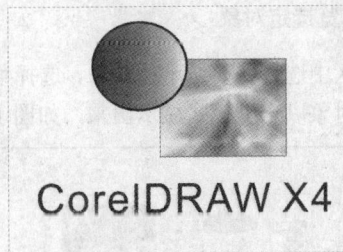

图 1.2.10　增强模式　　　　　　　　　图 1.2.11　使用叠印增强模式

### 1.2.3　设置显示比例

在 CorelDRAW X4 中绘图时，可以根据需要缩放与平移视图。单击工具箱中的缩放工具按钮 右下角的小三角，可显示出隐藏的工具组，此时可看到缩放工具与平移工具，如图 1.2.12 所示，其属性栏如图 1.2.13 所示。

图 1.2.12　缩放与平移工具组　　　　　图 1.2.13　缩放工具属性栏

### 1．缩放工具

在绘图工作中经常需要将绘图页面放大或缩小，以便于查看个别对象或整个图形的结构。

单击工具箱中的缩放工具按钮 ，将鼠标指针移至绘图区中，此时，指针显示为 形状，直接在绘图区中单击，将会以单击处为中心放大图形。

在属性栏中的 76% 下拉列表中可选择需要显示的绘图页面比例。

单击"缩放全部对象"按钮 ，可以将文件中的所有对象全部显示在一个视图窗口中。

单击"按页面显示"按钮 ，可在工作窗口中显示全部页面。

单击"按页面宽度显示"按钮 ，可将工作窗口调整为与页面同宽。

单击"按页面高度显示"按钮 ，可以将工作窗口调整为与页面高度相同。

### 2．平移工具

当页面显示超出当前工作区时，为了观察页面的其他部分，可单击工具箱中的"平移工具"按钮 ，将鼠标指针移至页面中，此时，鼠标指针显示为 形状，按住鼠标左键并拖动，即可移动视图。

## 1.2.4　预览显示

视图(V) 菜单中提供了 3 种预览显示方式，即全屏预览、只预览选定对象和页面分类视图。

### 1．全屏预览

选择菜单栏中的 视图(V) → 全屏预览(F) 命令，CorelDRAW 会将屏幕上的工具箱、菜单栏、工具栏以及所有窗口都隐藏起来，只将文档显示在整个屏幕上，从而可以很清晰地显示图形的细节部分，如图 1.2.14 所示。

### 2．只预览选定对象

在绘图区中选择将要显示的对象，选择菜单栏中的 视图(V) → 只预览选定的对象(O) 命令，即可将所选择的对象以全屏模式显示出来，如图 1.2.15 所示。

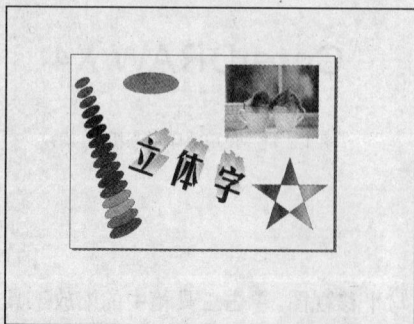

图 1.2.14　全屏预览　　　　　　　图 1.2.15　预览选定对象

### 3．分页预览

选择菜单栏中的 视图(V) → 页面排序器视图(A) 命令，可对文件中包含的所有页面进行预览，如图 1.2.16 所示。

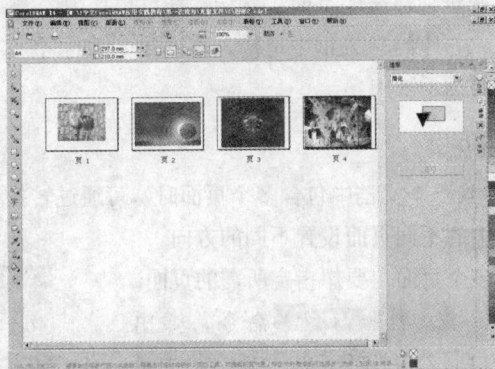

图 1.2.16　页面分类显示

进入分页预览显示模式后，如果要返回到正常显示状态，可使用挑选工具选中某一页面，此时所选的页面周围将显示一个深蓝色外框，然后再选择菜单栏中的 视图(V) → 页面排序器视图(A) 命令，取消其前面的"√"符号，即可返回到所选页的正常显示状态。

## 1.2.5　版面设置

在绘图之前，可以根据需要设置新的页面，也可进行删除、重命名页面以及切换页面顺序等操作。

### 1．插入、删除与重命名页面

如果要在当前打开的文档中插入页面，可选择菜单栏中的 版面(L) → 插入页(I)… 命令，弹出 插入页面 对话框，如图 1.2.17 所示。

在 插入(I) 输入框中可输入插入页面的数量，并通过选中 · 前面(B) 或 · 后面(A) 单选按钮来决定插入页面的位置（放置在设定页面的前面或后面）。

通过选中 · 纵向(P) 或 · 横向(L) 单选按钮，可设置插入页面的放置方式。

单击 纸张(R)：右侧的 A4 　　　　　▼ 下拉列表框，可从弹出的下拉列表中选择插入页面的纸张类型。如果需要自定义插入页面的大小，可在 宽度(W)：与 高度(E)：输入框中输入数值来自定义页面大小。

要删除无用的页面，可选择菜单栏中的 版面(L) → 删除页面(D)… 命令，弹出 删除页面 对话框，如图 1.2.18 所示。

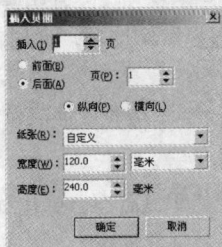

图 1.2.17　"插入页面"对话框　　　　图 1.2.18　"删除页面"对话框

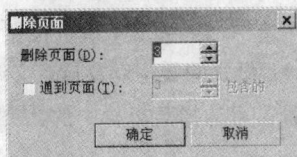

在 ■删除页面 对话框中可设置要删除的某一页，也可以选中 ☑ 通到页面(T): 复选框来删除所设置页面范围内（包括所设页面）的所有页面。

当一个文档中包含多个页面时，可以给各页面分别设定易于识别的名称，以便于对其进行管理。

要更改页面名称，可先选定要命名的页面，然后选择菜单栏中的 版面(L) → ↑ 重命名页面(A)··· 命令，弹出 重命名页面 对话框，在 页名: 输入框中可输入要更改页面的名称，单击 确定 按钮，则设置的页面名称将会显示在页面指示区中。

### 2. 转换页面与切换页面方向

在 CorelDRAW X4 中，当一个文档中包含多个页面时，可通过转换页面功能在不同页面之间进行切换，也可以对同一文档中的不同页面设置不同的方向。

如果一个文档中包含了多个页面，要想指定所需的页面，可选择菜单栏中的 版面(L) → ← 转到某页(G)··· 命令，弹出 定位页面 对话框，如图 1.2.19 所示。在 定位页面(G): 输入框中可设置要定位的页面，然后单击 确定 按钮即可。

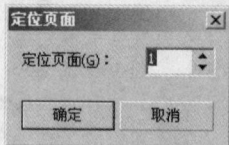

要切换页面的方向，可选择菜单栏中的 版面(L) → 切换页面方向(R) 命令，在纵向与横向之间切换页面。但切换页面方向后，页面中的内容并不会随着页面方向的变换而改变位置或发生变化，如图 1.2.20 所示。

图 1.2.19 "定位页面"对话框

图 1.2.20 切换页面方向

### 3. 设置页面大小与背景

在 CorelDRAW X4 中，版面的样式决定了组织文件进行打印的方式，因此，在打印文件之前，就需要对页面大小与背景的颜色进行设置。

要设置页面大小，可选择菜单栏中的 版面(L) → ← 页面设置(F)··· 命令，弹出 选项 对话框，在此对话框中展开 ⊡ 文档 列表，然后再展开其中的 ⊡ 页面 列表，选择 大小 选项，此时的 选项 对话框如图 1.2.21 所示。

在此对话框中，选中 ⊙ 普通纸(N) 单选按钮，表示使用正常纸张模式，此时可设置其他参数，例如，页面的放置方向、纸张的类型以及自定义纸张的宽度与高度等。

要设置页面背景，可选择菜单栏中的 版面(L) → □ 页面背景(B)··· 命令，弹出如图 1.2.22 所示的 选项 对话框。

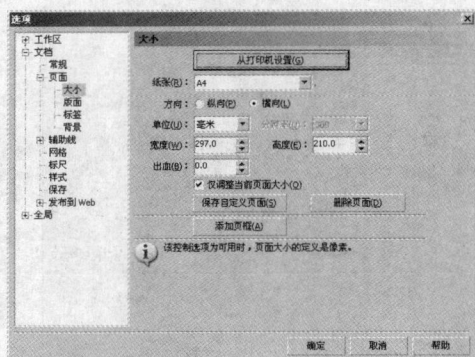

图 1.2.21　"选项"对话框　　　　　　　　　图 1.2.22　"选项"对话框

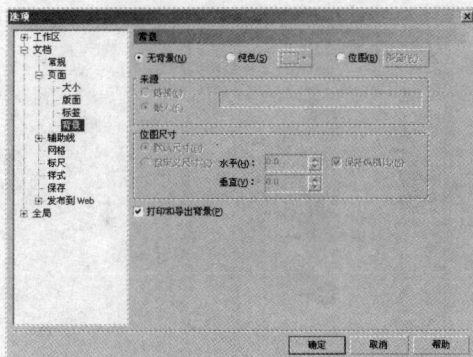

在此对话框中，有 3 种背景设置可供选择，即无、纯色与位图。如果使用位图图像作为页面背景，可按以下步骤进行操作：

（1）在此对话框中选中 · 位图(B) 单选按钮，然后单击 浏览(W)... 按钮，可弹出 导入 对话框。

（2）在 导入 对话框中选择一幅位图文件，单击 导入 按钮，即可返回到 选项 对话框。

（3）在 来源 选项区中可显示出位图的名称。在 来源 选项区中选中 · 链接(L) 单选按钮，可以将选择的位图对象链接到页面中；如果选中 · 嵌入(E) 单选按钮，就可以将选中的位图对象嵌入到页面中。

（4）在 位图尺寸 选项区中可以调整图像的尺寸。如果选中 · 默认尺寸(D) 单选按钮，就可以将位图对象按原始尺寸以默认的方式放置在页面中；选中 · 自定义尺寸(C) 单选按钮，就可以自定义所选位图对象的尺寸大小；选中 ☑ 保持纵横比(M) 复选框，可以保持位图对象纵横向比例不变；选中 ☑ 打印和导出背景(P) 复选框，可在输出或打印文档时将背景显示出来。设置好各项参数后，单击 确定 按钮，就可将选择的位图图像设置为当前页面的背景。

## 1.2.6　辅助设置

在 CorelDRAW X4 中可以根据实际需要自定义一些辅助设置，例如，设置标尺的单位、标尺原点、网格间距等。

### 1．设置标尺

选择菜单栏中的 视图(V) → 标尺(R) 命令，可弹出 选项 对话框，在该对话框左侧选择 标尺 选项，此时的对话框如图 1.2.23 所示。

在此对话框中可设置标尺的度量单位、原点位置以及刻度记号，也可设置移动对象时每次移动的距离。此外，在 选项 对话框中单击 编辑刻度(S)... 按钮，可弹出 绘图比例 对话框，用户可以根据实际需要在此对话框中设置各种缩放的比例。

### 2．设置网格

在 选项 对话框左侧选择 网格 选项，可显示出网格选项的参数，如图 1.2.24 所示。

在此对话框中，通过选中 · 间距(S) 或 · 频率(F) 单选按钮，可以在下面显示的相应选项区中设置网格线的间距或频率的大小。选中 ☑ 显示网格(W) 复选框，可显示网格；选中 ☑ 对齐网格(N) 复选框，可以在绘图时对齐网格。此外，通过选中 · 按线显示网格(L) 或 · 按点显示网格(D) 单选按钮，可设置网格的显示方式。

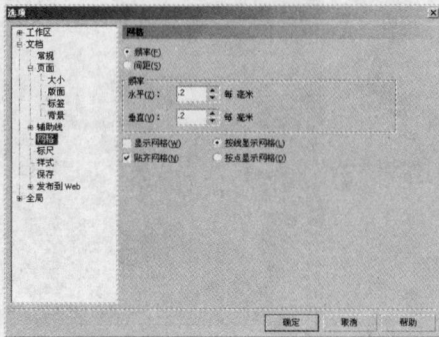

图 1.2.23　设置标尺选项

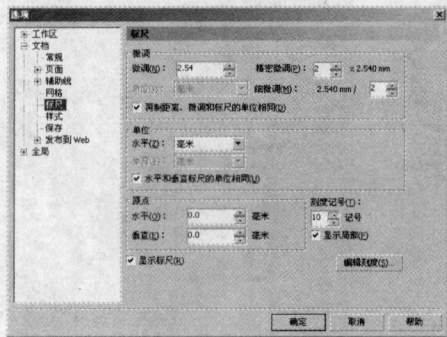

图 1.2.24　设置网格选项

### 3. 设置辅助线

选择菜单栏中的 视图(V) → 辅助线(I) 命令，弹出 选项 对话框，并显示出辅助线的参数，如图 1.2.25 所示。

选中 ☑ 显示辅助线(S) 复选框，可显示辅助线，反之，则会隐藏辅助线。

选中 ☑ 对齐辅助线(N) 复选框，可使图形对象贴齐辅助线。

单击 默认辅助线颜色(C): 与 默认预设辅助线颜色(P): 右侧的下拉按钮 ，可从弹出的预设颜色列表中选择颜色，以重新设置辅助线的颜色。

如果在 选项 对话框的左侧选择 水平、垂直、导线 或 预置 选项，可在对话框的右侧显示出相关选项的参数，可分别对各种方向的辅助线进行设置。在此选择 水平 选项，则显示出水平方向的辅助线设置，如图 1.2.26 所示。

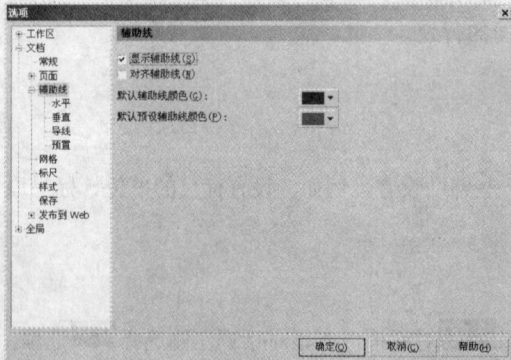

图 1.2.25　设置辅助线选项

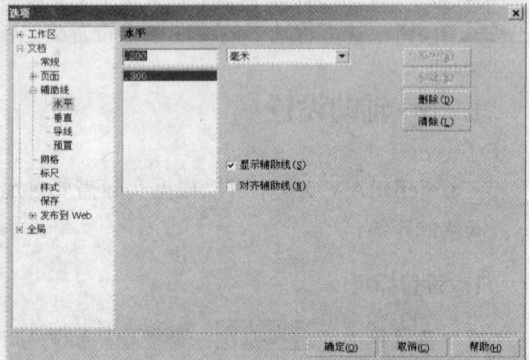

图 1.2.26　水平方向的辅助线设置

# 1.3　位图与矢量图

计算机中的图片有多种格式，如 CDR，AI，TIFF，PSD，JPEG，BMP 等，大致可分为两种，即位图与矢量图。

位图又称点阵图，由多个不同颜色的点组成，每一个点为一个像素。由于位图图像中每个像素点都记录着一个色彩信息，因此位图图像色彩绚丽，能体现出现实生活中的绝大多数色彩。与矢量图相比，位图图像更容易模拟照片的真实效果。

位图图像可以通过数码相机拍摄、扫描仪扫描以及 Photoshop 图像处理软件制作等方式获得。由于每个像素点的色彩信息都需要单独记录，因此位图图像占用的空间也是比较大的，对于要求不太高的位图图像，可以将它们压缩，使其所占空间变小。

位图的大小和质量取决于图像中像素点的多少，通常来说，每平方英寸的面积上所含像素点越多，颜色之间的混合也越平滑，同时，文件也越大。如图 1.3.1 所示的为位图放大后的效果。

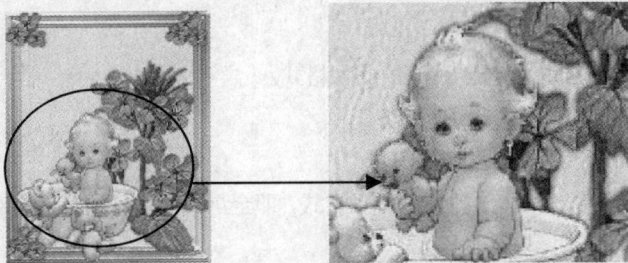

图 1.3.1　位图放大后的效果

矢量图又称向量图，是用直线和曲线来描述的图形，这些图形的元素可以是点、线、弧线、矩形、多边形或圆形，它们由数学公式来记录。这些公式中包括矢量图图形所在的坐标位置、大小、轮廓色以及颜色填充等信息，由于这种保存图形信息的方法与分辨率无关，所以当放大或缩小图形时，只需要在相应数值上乘以放大的倍数或除以缩小的倍数即可，从而不会影响图形的清晰度，其边缘很平滑，也不会产生颜色块，如图 1.3.2 所示。矢量图特别适用于企业标志设计、图案设计、版式设计、文字设计等。

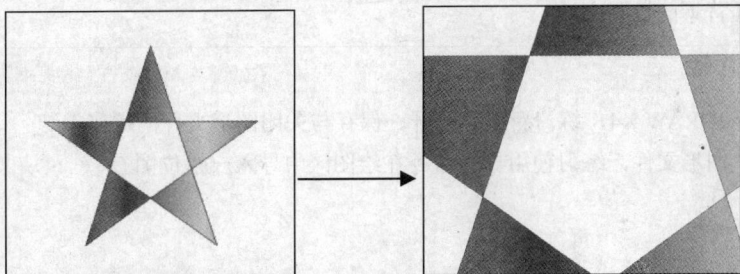

图 1.3.2　矢量图放大后的效果

# 本 章 小 结

本章介绍了 CorelDRAW X4 软件的基础知识与操作，通过本章的学习，用户可以全面快速地认识和了解 CorelDRAW X4 这一平面设计软件的强大功能，掌握 CorelDRAW X4 中的一些基础操作。

# 习 题 一

## 一、填空题

1. CorelDRAW 于 1989 年由加拿大的 Corel 公司推出，是目前最流行的＿＿＿＿＿＿＿＿软件之一。

2．CorelDRAW X4 中提供了_____、_____、_____、_____、_____等多种图像显示模式。

3．标尺可分为两种，即_____和_____。

4．在绘图工作中经常需要使用_____工具，将绘图页面_____或_____，以便于查看个别对象或整个图形的结构。

## 二、选择题

1．（　　）格式是 CorelDRAW X4 默认的文件格式。

  A．PSD　　　　　　　　　　B．JPEG

  C．PDF　　　　　　　　　　D．CDR

2．视图(V) 菜单中提供了（　　）种预览显示方式，即全屏预览、只预览选定对象和页面分类视图。

  A．4　　　　　　　　　　　B．3

  C．2　　　　　　　　　　　D．1

3．按（　　）键可保存图形文件。

  A．Ctrl+O　　　　　　　　　B．Ctrl+S

  C．Shift+S　　　　　　　　　D．Ctrl+R

## 三、简答题

1．在 CorelDRAW X4 中如何删除多余的页面？

2．简述矢量图与位图的区别。

3．简述页面背景的设置方法。

## 四、上机操作题

1．启动 CorelDRAW X4，练习新建、打开、保存与关闭图形文件的操作。

2．新建一个图形文件，练习使用导入命令在绘图区中导入一幅位图。

# 第 2 章 图形的绘制与调整

【学习目标】

CorelDRAW X4 是一个功能强大的图形处理软件，为用户创建各种图形对象，提供了一整套的工具，可以十分方便地绘制出各种图形对象。本章主要讲解最简单的直线和曲线的绘制以及一些基本图形的绘制。

【学习要点】

★ 直线和曲线的绘制
★ 基本形状的绘制
★ 线条与图形的编辑
★ 轮廓线设置

## 2.1 直线和曲线的绘制

CorelDRAW X4 中提供了许多绘制线条的工具，如手绘工具、贝塞尔工具、艺术笔工具、钢笔工具以及多点线工具等，使用这些工具可以绘制各种各样的线条，如直线、曲线及折线等。

### 2.1.1 手绘工具

使用手绘工具不但可以绘制出直线、连续的折线与曲线，还可以绘制出封闭的图形。

**1．用手绘工具绘制曲线**

在绘图区中，要使用手绘工具绘制曲线，其具体的操作方法如下：

（1）在工具箱中单击"手绘工具"按钮 。

（2）移动鼠标指针至绘图区中，按住鼠标左键并随意拖动，沿拖动的路线将显示曲线的形状，松开鼠标即可完成曲线的绘制，如图 2.1.1 所示。

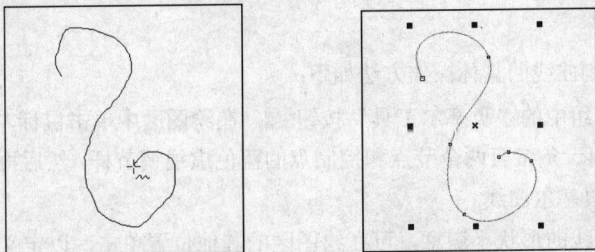

图 2.1.1 使用手绘工具绘制曲线

使用手绘工具绘制好曲线后，将鼠标移至其他位置，按住鼠标左键拖动即可绘制出第二条曲线。若要在已经绘制好的曲线上接着拖动鼠标绘制曲线，其具体的操作方法如下：

（1）使用挑选工具选择绘制好的曲线，然后单击"手绘工具"按钮，移动鼠标指针至曲线左端或右端的节点上，此时，鼠标指针显示为 形状，如图 2.1.2 所示。

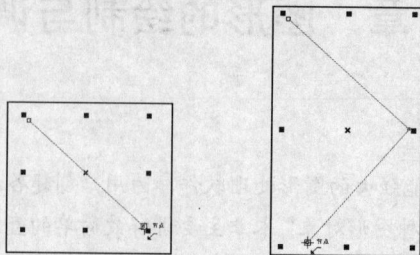

图 2.1.2　绘制折线

（2）按住鼠标左键并拖动，可在所选曲线的基础上继续绘制曲线，拖动鼠标至曲线起点处，松开鼠标，即可绘制一个封闭的图形。

**2．用手绘工具绘制直线**

使用手绘工具绘制直线的方法很简单，只需要在工具箱中单击"手绘工具"按钮，将鼠标指针移至绘图区中，此时，指针显示为 形状，单击鼠标左键确定直线的起点位置，然后移动鼠标至其他位置。移动鼠标时，可产生一条直线，再次单击鼠标确定直线的另一端点，即可绘制出一条直线。

**3．用手绘工具绘制折线**

使用手绘工具也可绘制折线，其具体的操作方法如下：

（1）在工具箱中单击"手绘工具"按钮，将鼠标指针移至绘图区中，单击鼠标左键确定起点位置，移动鼠标至其他位置，双击鼠标左键，确定第二个节点。

（2）拖动鼠标至其他位置并单击，即可绘制折线，如图 2.1.2 所示。

（3）如果要在折线的基础上绘制封闭的图形，可使用手绘工具，将鼠标指针移至折线末端的节点，此时，鼠标指针显示为 形状，在末端节点上单击，移动鼠标指针至起点处并单击，即可形成一个封闭的图形。

## 2.1.2　贝塞尔工具

使用贝塞尔工具可以绘制平滑的曲线，也可绘制直线。可以通过确定节点和改变控制点的位置来控制曲线的弯曲程度。

**1．绘制曲线**

使用贝塞尔工具绘制曲线的具体操作方法如下：

（1）单击手绘工具组中的"贝塞尔工具"按钮，在绘图区中单击鼠标左键确定曲线的起点，拖动鼠标，此时将显示出一条带有两个节点和控制点的蓝色虚线调节杆，然后再到任意一处单击并拖动鼠标，即可产生一条贝塞尔曲线。

（2）如果对所绘曲线的形状不满意，可在绘图区的其他位置单击，以定义下一个点，并通过调节新显示的调节杆来将原有的曲线加长并变形，从而得到不同形状的曲线，如图 2.1.3 所示。

（3）继续在其他位置单击，将出现一条连续的平滑曲线，如图 2.1.4 所示。

（4）如果要绘制封闭图形，只需在曲线绘制完毕后单击该曲线的起始节点，即可将曲线的首尾连接起来，形成一个封闭图形。

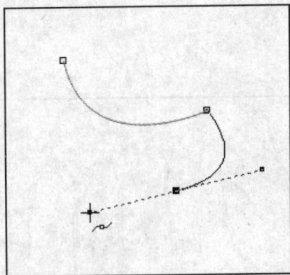

图 2.1.3　绘制曲线　　　　　　　　　　　　图 2.1.4　编辑曲线

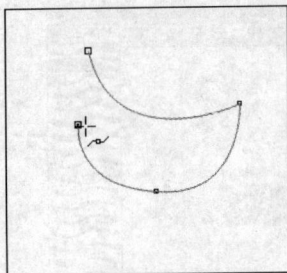

### 2. 绘制直线与折线

使用贝塞尔工具绘制直线与使用手绘工具绘制直线的方法相似，单击工具箱中的"贝塞尔工具"按钮 ，将鼠标指针移至绘图区中，此时，指针变为 形状，在绘图区中单击鼠标确定直线的起点，移动鼠标到满意位置后，再单击鼠标以确定直线的终点，即可绘制出直线。

只要再继续确定下一个节点，就可以绘制折线，如果想绘制出有多个折角的折线，只需继续确定节点即可。

## 2.1.3　艺术笔工具

在 CorelDRAW X4 中使用艺术笔工具可以绘制出多种精美的线条和图形，模仿钢笔、画笔的真实效果，其绘制方法与手绘工具绘制曲线的方法相似，但使用艺术笔工具绘制的线条为封闭图形，可以对其进行填充。

单击工具箱中的"艺术笔工具"按钮 ，可显示其属性栏，如图 2.1.5 所示。

图 2.1.5　"艺术笔工具"属性栏

属性栏中显示了 5 种艺术笔工具，包括预设 、笔刷 、喷罐 、书法 与压力 。使用这些工具可以绘制出各种别具特色的艺术图形。

在手绘平滑输入框 中输入数值，可以设置所绘制图形的平滑度。

在艺术笔工具宽度微调框 中输入数值，或调节右侧的三角按钮，可以改变绘制图形的宽度。

单击预设笔触下拉列表框 ，可从弹出的下拉列表中选择任意一种预设的笔刷样式。

### 1. 预设模式

预设模式提供了多种线条类型，通过属性栏的设置可以改变线条的宽度。

单击工具箱中的"艺术笔工具"按钮 ，在其属性栏中单击"预设"按钮 ，在属性栏中单击预设笔触下拉列表框 ，弹出其下拉列表，如图 2.1.6 所示，从中选择所需的线条类型，将鼠标指针移至绘图区中，当鼠标指针变为 形状时，按住鼠标左键并拖动，释放鼠标后即可绘制出所需的艺术笔触图形，如图 2.1.7 所示。

从图中可以看到，所绘的曲线是一条封闭式的曲线，可以为其填充任何颜色，也可通过调整属性栏中的各项参数，来改变所绘艺术笔触图形的宽度、样式以及平滑度。

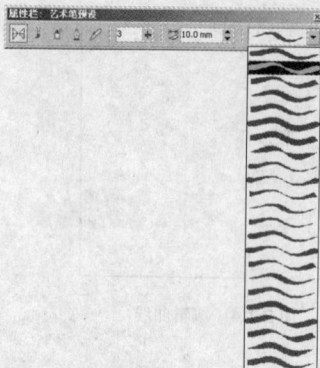

图 2.1.6　预设笔触下拉列表

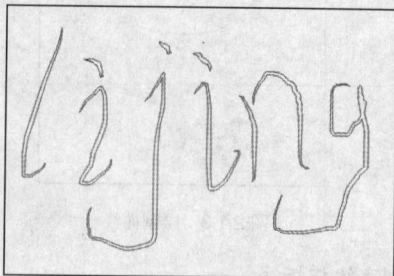

图 2.1.7　绘制预设线条

## 2．笔刷模式

在艺术笔工具属性栏中单击"笔刷"按钮 ![btn]，可显示出画笔的属性栏，如图 2.1.8 所示。

图 2.1.8　笔刷工具属性栏

在笔触下拉列表 ![list] 中选择一种笔刷类型，然后在绘图区中按住鼠标左键并拖动，即可绘制出所需的图形，如图 2.1.9 所示。

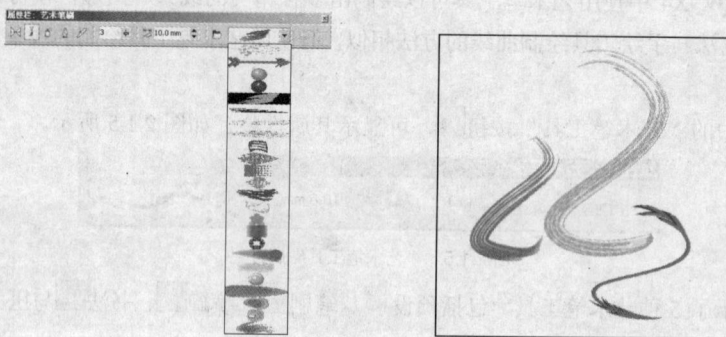

图 2.1.9　使用画笔绘制的图形

也可以使用其他绘图工具先在绘制区中绘制出相应的图形，然后在笔触下拉列表 ![list] 中选择一种图形，则所选笔触将自动适配所绘制的路径。

如果对使用笔刷工具 ![btn] 绘制出的图形比较满意，可以在选中所绘图形后，单击属性栏中的"保存艺术笔触"按钮 ![btn]，将其保存在笔触列表中，便于以后使用。

如果要删除笔触列表中的图形，只需要选中该图形，单击属性栏中的"删除"按钮 ![btn] 即可。

## 3．喷罐模式

单击艺术笔工具属性栏中的"喷罐"按钮 ![btn]，可显示其属性栏，如图 2.1.10 所示。

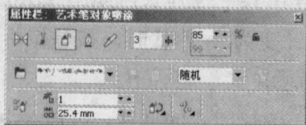

图 2.1.10　喷罐工具属性栏

在属性栏中单击 [图标] 下拉列表框，可从弹出的下拉列表中选择一种喷涂类型，将鼠标指针移至绘图区中，按住鼠标左键并拖动，即可绘制所选的图形。

在属性栏中的 [图标] 下拉列表中选择一种喷涂类型，单击属性栏中的"喷涂列表对话框"按钮 [图标]，弹出如图 2.1.11 所示的 创建播放列表 对话框。在此对话框中的 喷涂列表 中显示着所选喷涂类型的组成元素，在 播放列表 中显示着所使用的喷涂组成元素，可以根据需要对喷涂类型的组成元素进行删除或添加。

在属性栏中单击 随机 下拉列表框，可从弹出的下拉列表中选择所绘制图形的喷涂顺序。

在属性栏中的 [图标] 微调框中输入数值，可对所绘制的笔触图形进行稀疏程度的调整。

如果要对所绘制的喷涂图形进行旋转，可单击属性栏中的"旋转"按钮 [图标]，将会打开如图 2.1.12 所示的面板。

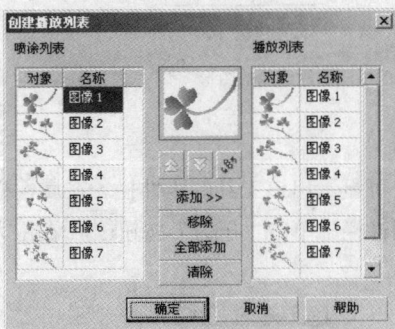

图 2.1.11　"创建播放列表"对话框

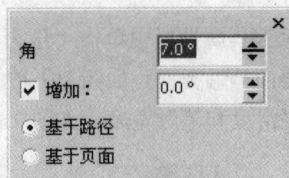

图 2.1.12　旋转面板

在 角 微调框中输入数值，可设置喷涂图形的倾斜角度；在 增加 微调框中输入数值，可设置图形所要增加的旋转角度。选中 基于路径 单选按钮，可使所选图形相对于自己绘制的路径进行旋转；选中 基于页面 单选按钮，可使所选图形相对于页面设置的角度进行旋转。

如果要对所绘制的喷涂图形进行偏移，可单击属性栏中的"偏移"按钮 [图标]，打开偏移面板，如图 2.1.13 所示。

在 偏移 微调框中输入数值，可设置所绘图形的偏移量；在 偏移方向 下方单击 替换 下拉列表框，可弹出如图 2.1.14 所示的下拉列表，从中可选择图形的偏移方向。

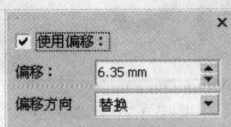

图 2.1.13　偏移面板

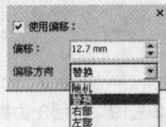

图 2.1.14　偏移方向下拉列表

### 4．书法模式

使用书法艺术笔可以绘制出类似于书法作品的效果，所绘图形根据笔尖的方向可产生粗细不同的效果。通常水平绘制的线条最细，而垂直绘制的线条最粗。

在艺术笔工具属性栏中单击"书法"按钮 [图标]，可显示其属性栏，如图 2.1.15 所示，将鼠标指针移至绘图区中，按住鼠标左键并拖动，即可绘制图形。

图 2.1.15　书法工具属性栏

　　如要调整所绘图形的笔触宽度，可在属性栏中的艺术媒体工具的宽度微调框 ⟦🖊10.0 mm⟧ 中输入数值，按回车键，即可将所做的设置应用于该图形上。

　　在属性栏中的书法角度微调框 ⟦📐 0.0⟧° 中输入数值，可设置图形笔触的倾斜角度，如图 2.1.16 所示。

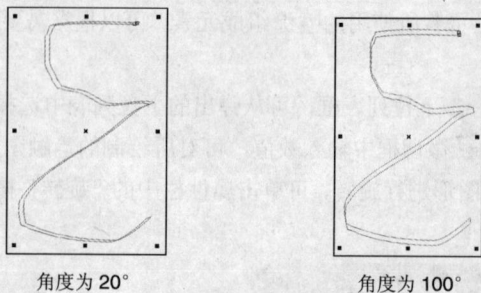

角度为 20°　　　　　　　　　　角度为 100°

图 2.1.16　用不同倾斜度的书法笔触绘制的图形

### 5. 压力模式

　　在艺术笔工具属性栏中单击"压力"按钮 ⟦🖊⟧，可显示出该工具的属性栏。在属性栏中的预设模式中选择需要的笔触类型，如图 2.1.17 所示，在属性栏中单击"压力"按钮 ⟦🖊⟧，在压力模式中设置好压力笔的平滑度和笔触宽度，如图 2.1.18 所示。

图 2.1.17　在预设模式中选择笔触类型　　　　图 2.1.18　设置压力类型的属性栏

　　将鼠标指针移至绘图区中，按住鼠标左键并拖动，即可绘制图形，如图 2.1.19 所示，在调色板中单击任意一种色块，可为绘制的图形填充相应的颜色，如图 2.1.20 所示。

图 2.1.19　绘制压力图形　　　　　　　　图 2.1.20　填充图形

## 2.1.4　钢笔工具

　　使用钢笔工具可以绘制出多种不规则的曲线和图形，还可以对已绘制的曲线和图形进行编辑修改。在 CorelDRAW X4 中可以使用钢笔工具来完成各种复杂图形的绘制。

### 1. 绘制曲线

　　单击工具箱中的"钢笔工具"按钮 ⟦🖊⟧，在绘图区中单击鼠标左键确定一个起点，松开鼠标，将鼠标移到另一位置单击并拖动，此时，在两个节点间可出现与贝塞尔工具相同的两个控制点，松开鼠标，这时鼠标指针将变成 ⟦🖊⟧ 形状，移动鼠标再次单击鼠标左键，即可绘制连续的曲线，如图 2.1.21 所示。

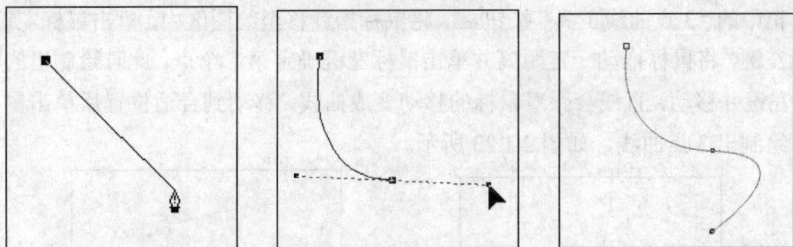

图 2.1.21　用钢笔工具绘制曲线

如果想在曲线后绘制出直线，可在键盘上按住"C"键，在要继续绘制直线的节点上单击并移动鼠标，至适当位置后单击，可绘制出一段直线。

**2．绘制直线和折线**

单击工具箱中的"钢笔工具"按钮 ，在绘图区中单击确定直线的起点，移动鼠标到其他位置，再单击以确定直线的终点，即可绘制出一段直线。只要再继续移动鼠标并单击确定下一个节点，就可以绘制出折线的效果，要结束绘制，按"Esc"键即可。

在钢笔工具属性栏中单击"自动添加/删除"按钮 ，可以增加或删除节点；单击"自动添加/删除"按钮 ，在绘制好的曲线上，将鼠标指针移到节点上时可以删除节点，将鼠标指针移到节点外路径上时可以添加节点。如果要将曲线转换为封闭路径，则将鼠标指针移到起点处，单击鼠标就可闭合路径。

## 2.1.5　多点线工具

使用多点线工具可以随心所欲地绘制各种复杂的图形，如直线、曲线、折线、多边形、三角形、四边形以及任意形状的图形等。它结合了手绘工具的所有功能，并在其功能上有所改进，可以在绘制曲线后接着绘制直线，因此，使用多点线工具可以使直线与曲线的绘制一步完成。

单击工具箱中的"多点线工具"按钮 ，将鼠标指针移至绘图区中，单击鼠标左键并拖动可以自动生成路径，需要绘制直线时，只需松开鼠标左键，移动鼠标并单击，即可绘制直线，如图 2.1.22 所示。

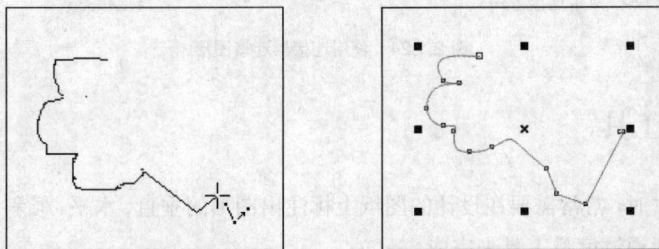

图 2.1.22　用多点线工具绘制线条

如果要绘制封闭的不规则图形，只需将最后一个点与起始点相连接即可形成封闭图形。

## 2.1.6　3 点曲线工具

使用 3 点曲线工具能绘制出多种弧线或近似圆弧的曲线。它的使用方法灵活，是用 3 个点确定一条曲线，而且只要确定两点，便可以用第三个点来确定曲线的高度和深度，为绘图免除了很多不必要的麻烦。

单击工具箱中的"3 点曲线工具"按钮 ，将鼠标指针移至绘图区中，单击鼠标左键确定一个点，然后按住鼠标左键，将鼠标拖动一定距离并单击鼠标左键确定第二个点，此时绘制出的将会是一条直线，释放鼠标左键并移动，直线会跟着鼠标的移动变成曲线，移动到合适位置后单击鼠标左键确定第三个点，即可绘制出 3 点曲线，如图 2.1.23 所示。

图 2.1.23　绘制 3 点曲线

如果要绘制闭合的 3 点曲线，可单击属性栏中的"自动闭合曲线"按钮 ，即可将绘制的 3 点曲线变成闭合的不规则图形。

### 2.1.7　连接器工具

在设计时，有时需要绘制一些流程图和组织图，使用连接器工具可实现该操作。连接器工具可使用成角连接器和直线连接器两种不同的方式来连接图形，并且可以根据连接图形的位置自动调整连接线的折点情况，如图 2.1.24 所示。

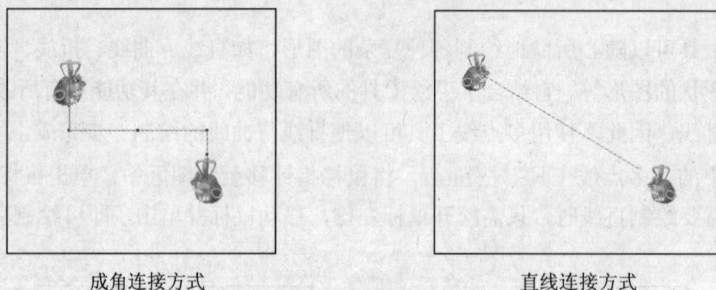

成角连接方式　　　　　　　　　　　　直线连接方式

图 2.1.24　使用连接器连接图形

### 2.1.8　度量工具

在进行设计创作时，常常需要在设计的图纸上标注出图形的垂直、水平、倾斜和角度的测量数值。对图形进行标注主要通过度量工具来完成。

单击"度量工具"按钮 ，其属性栏如图 2.1.25 所示。

图 2.1.25　"度量工具"属性栏

对图形进行垂直尺度标注的方法如下：

（1）单击"度量工具"按钮 。

（2）在其属性栏中单击"垂直度量工具"按钮 。

（3）在需要测量图形的最高点单击鼠标确定一点，再将鼠标移动到所要测量图形的最低点单击鼠标确定另一点。

（4）将鼠标移动到标注尺度的合适位置，松开鼠标即可，如图 2.1.26 所示。

对图形进行水平尺度标注的方法如下：

（1）单击"度量工具"按钮 🔲。

（2）在其属性栏中单击"水平度量工具"按钮 🔲。

（3）在需要测量图形的最左边点上单击鼠标确定一点，再将鼠标移动到所要测量图形的最右边的点上，单击鼠标确定另一点。

（4）将鼠标移动到标注尺度的合适位置，松开鼠标即可，如图 2.1.27 所示。

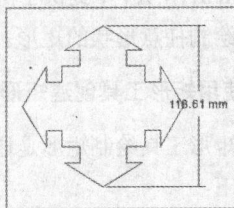

图 2.1.26 垂直尺度标注

对图形进行角度标注的方法如下：

（1）单击"度量工具"按钮 🔲。

（2）在其属性栏中单击"角度量工具"按钮 🔲。

（3）在需要测量的图形角度的顶点单击鼠标确定第一个点，再将鼠标移动到所要测量的角度所夹的一个边上单击鼠标确定第二个点，用同样的方法在角度所夹的另一边上单击鼠标确定第三个点。

（4）将鼠标移动到标注角度的合适位置，松开鼠标即可，如图 2.1.28 所示。

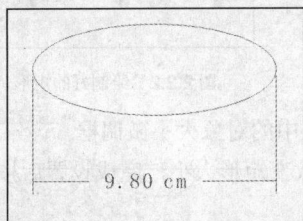

图 2.1.27 水平尺度标注　　　　图 2.1.28 标注角度

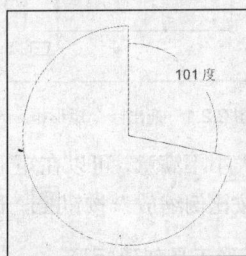

## 2.1.9　智能绘图工具

单击工具箱中的"智能绘图工具"按钮 🔺，在绘图区中随意拖动鼠标，系统可自动识别为相似的图形。

选择智能绘图工具后，其属性栏如图 2.1.29 所示。

在 形状识别等级：下拉列表中可选择无、最低、低、中、高、最高 6 个级别的选项，通过选择不同级别的选项，可控制形状识别的程度。

在 智能平滑等级：下拉列表中可选择不同的级别，来控制线条平滑的程度。

图 2.1.29 智能绘图工具属性栏

在 🖊 0.2 mm ▼ 下拉列表中可设置绘制线条的宽度。

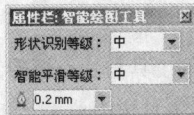

## 2.2　基本形状的绘制

使用矩形工具可以绘制任意大小的矩形、正方形、椭圆、正圆以及多边形等。

### 2.2.1　创建矩形

CorelDRAW X4 中提供了两种绘制矩形的工具，即矩形工具和 3 点矩形工具。使用这两种工具可以方便地绘制任意形状的矩形。

**1．使用矩形工具创建矩形**

使用矩形工具绘制矩形是通过确定矩形两个对角点的方式来决定矩形的大小和位置。其具体的操作方法如下：

（1）单击工具箱中的"矩形工具"按钮![矩形工具图标]，将鼠标指针移至绘图区中，鼠标指针变为⌖口形状，按住鼠标左键随意拖动，即可拖出一个矩形框，如图 2.2.1 所示。

（2）在拖动鼠标绘制矩形时，其属性栏中可显示出矩形的坐标位置，松开鼠标即可完成矩形的绘制，如图 2.2.2 所示。

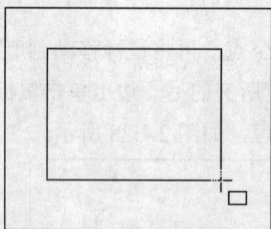

图 2.2.1　拖出一个矩形框　　　　　　　　　图 2.2.2　绘制好的矩形

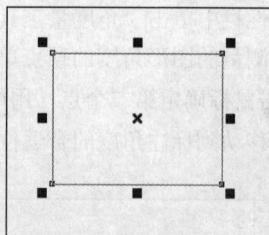

如果对矩形的大小不满意，可以在矩形工具属性栏中的对象大小微调框![118.925 mm 74.592 mm]中输入数值，单击属性栏中的"不按比例缩放"按钮![锁定图标]，即可不等比改变矩形大小，完成设置后按回车键即可。

**2．使用 3 点矩形工具创建矩形**

3 点矩形工具可通过矩形同一边上两个角点及与此边平行的边上的任意一点的位置来确定矩形的大小和位置，其具体操作如下：

（1）单击工具箱中的"3 点矩形工具"按钮![3点矩形工具图标]，将鼠标指针移至绘图区中，此时，鼠标指针显示为⌖口形状，按住鼠标左键确定一个角点，并拖动鼠标至其他位置，如图 2.2.3 所示。

（2）松开鼠标，确定另一个角点，这两个角点之间生成一条直线，即矩形的一条边。

（3）移动鼠标指针至边的任意一侧，单击鼠标确定矩形另一条边所在的位置，即可绘制出矩形。

**3．绘制正方形**

使用矩形工具与 3 点矩形工具可以绘制正方形。使用矩形工具绘制正方形的具体操作方法如下：

（1）在工具箱中单击"矩形工具"按钮![矩形工具图标]。

（2）将鼠标指针移至绘图区中，在按住"Ctrl"键的同时拖动鼠标即可绘制正方形，如图 2.2.5 所示。

使用 3 点矩形工具绘制正方形的具体操作方法如下：

（1）单击工具箱中的"3 点矩形工具"按钮![3点矩形工具图标]，将鼠标指针移至绘图区中，拖动鼠标绘制好正方形的一条边。

（2）在按住"Ctrl"键的同时移动鼠标指针至边的任意一侧并单击，松开鼠标，即可绘制正方形。

## 2.2.2　创建圆形

椭圆形和圆形是经常使用的两种基本图形，要创建圆形可通过工具箱中的椭圆形工具与 3 点椭圆形工具来完成。另外，在 CorelDRAW X4 中还可以使用椭圆形工具创建饼形与弧形。

### 1．用椭圆形工具创建椭圆

单击工具箱中的"椭圆形工具"按钮，将鼠标指针移至绘图区中，按住鼠标左键并拖动，即可绘制出任意大小的椭圆，如图 2.2.3 所示。

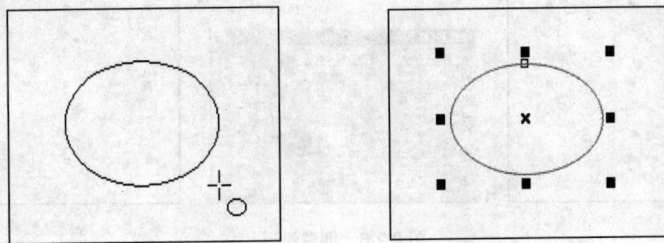

图 2.2.3　使用椭圆形工具绘制椭圆

### 2．用 3 点椭圆形工具创建椭圆

3 点椭圆形工具可通过椭圆两个轴的长度和方向来确定椭圆的大小和位置。其具体的操作方法如下：

（1）单击工具箱中椭圆形工具组中的"3 点椭圆形工具"按钮。

（2）将鼠标指针移至绘图区中，按住鼠标左键并拖动，可绘制出一条线段作为椭圆的轴线，松开鼠标后，移动鼠标指针至线段一侧，在适当位置单击即可，如图 2.2.4 所示。

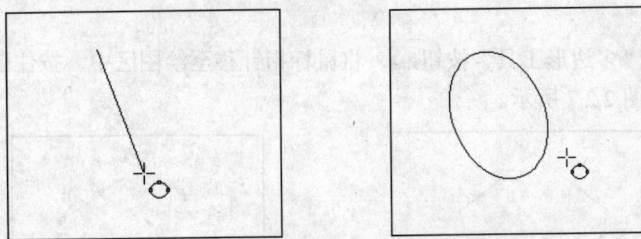

图 2.2.4　使用 3 点椭圆形工具绘制椭圆

### 3．创建正圆

要使用椭圆形工具与 3 点椭圆形工具创建正圆。其方法与创建正方形的方法相同，绘制时只需要按住"Ctrl"键即可。如果在按住"Shift+Ctrl"键的同时拖动鼠标绘制，则可以绘制出以起点为中心向外扩展的正圆。

### 4．创建饼形和弧形

绘制一个椭圆形，单击椭圆形工具属性栏中的"饼形"按钮，可将椭圆形转换为饼形，如图 2.2.5 所示。

弧形的创建方法与饼形一样。在选择椭圆形后，在属性栏中单击"弧形"按钮，即可将椭圆形转换为弧形，如图 2.2.6 所示。

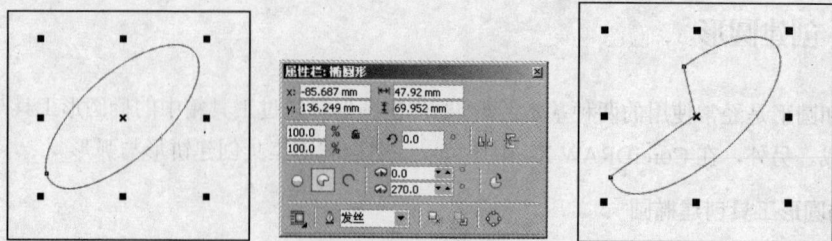

图 2.2.5　创建饼形

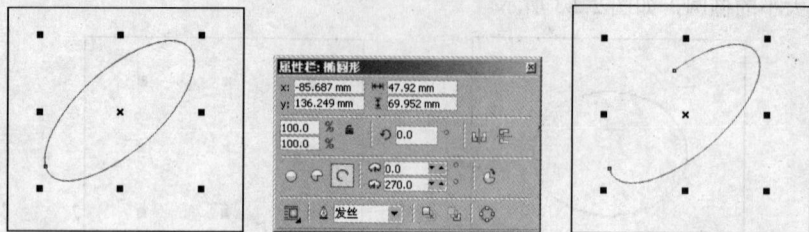

图 2.2.6　创建弧形

在属性栏中的起始和结束角度微调框 中输入数值，可设置饼形与弧形的弧度；单击属性栏中的"确认饼形与弧形的方向"按钮 ，可将饼形或弧形进行 180°的旋转。

### 2.2.3　创建多边形

在 CorelDRAW X4 中，使用多边形工具可以创建对称多边形、三角形、菱形、六边形、星形以及多边星形等。

**1．绘制多边形**

单击工具箱中的"多边形工具"按钮 ，将鼠标指针移至绘图区中，按住鼠标左键并拖动，即可绘制出五边形，如图 2.2.7 所示。

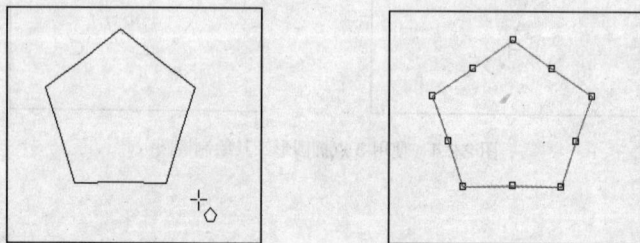

图 2.2.7　绘制多边形

如果要改变已绘制的多边形的边数，可先选择绘制的多边形，然后在多边形工具属性栏中的多边形端点数微调框 中输入所需的边数，按回车键，即可得到所需的多边形。

**2．绘制星形**

使用多边形工具也可以快速地绘制星形，其具体的操作方法如下：

（1）单击工具箱中的"多边形工具"按钮 ，在属性栏中的多边形端点数微调框 中输入所需的边数，再单击属性栏中的"星形"按钮 。

（2）将鼠标指针移至绘图区中，按住鼠标左键拖动，即可绘制出交叉星形，如图 2.2.8 所示。

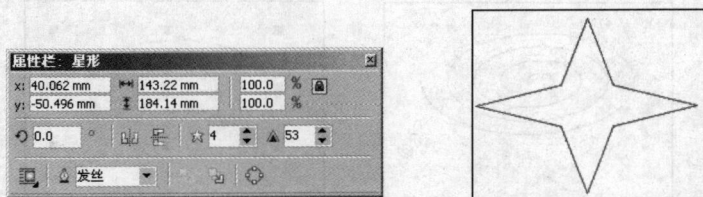

图 2.2.8　绘制交叉星形

当在绘图区中绘制的多边形或星形处于选中状态时，单击属性栏中的"多边形"按钮 或"星形"按钮 ，可以使选中的图形在多边形与星形之间转换。

### 3．复杂星形工具

使用复杂星形工具可绘制复杂星形图形，只需要在属性栏中单击"复杂星形工具"按钮 ，在图像中拖动鼠标，即可绘制复杂的星形图形，如图 2.2.9 所示。

在复杂星形工具属性栏中的微调框 中输入数值，来改变复杂星形的边数，在 中输入锐度，更改输入数值后效果如图 2.2.10 所示。

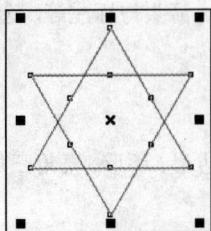

图 2.2.9　绘制复杂星形

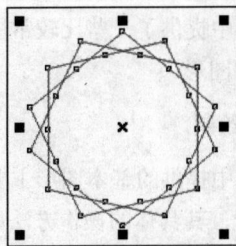

图 2.2.10　改变复杂星形的边数

### 4．创建图纸图形

使用图纸工具可以快速地绘制出不同大小不同行列的图纸图形。网格图纸图形实际上就是将多个矩形进行连续排列而形成的。

单击多边形工具组中的"图纸工具"按钮 ，在属性栏中的图纸列和行数微调框 中输入数值，在绘图区中拖动鼠标绘制图纸，如图 2.2.11 所示。

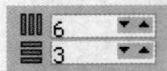

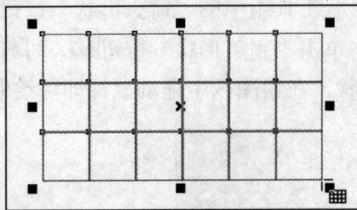

图 2.2.11　绘制图纸图形

### 5．创建螺旋形

螺旋形的创建方法与多边形的创建方法相似，使用螺旋形工具可以绘制两种不同的螺旋形，即对称式螺纹与对数式螺纹。

（1）对称式螺纹。对称式螺纹是由许多圈曲线环绕形成的，且每一圈螺旋的间距都是相等的。单击工具箱中的"螺旋形工具"按钮 ，在属性栏中单击"对称式螺纹"按钮 ，将鼠标指针移至绘图区中，按住鼠标左键拖动，即可绘制出对称式的螺纹，如图 2.2.12 所示。

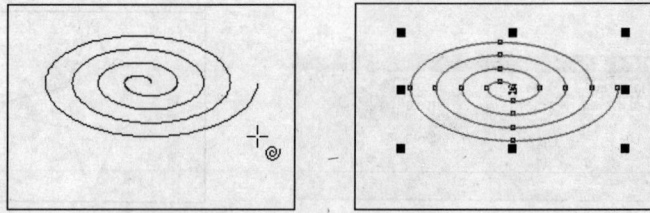

图 2.2.12　绘制对称式的螺纹

（2）对数式螺纹。对数式螺纹与对称式螺纹相同，都是由许多圈的曲线环绕形成的，但对数式螺纹的间距可以等量增加。

要绘制对数式螺纹，可单击螺旋工具属性栏中的"对数式螺纹"按钮，将鼠标指针移至绘图区中，按住鼠标左键并拖动，即可绘制出对数式螺纹所示。

在属性栏中的螺纹回圈微调框中输入数值可设置螺纹的圈数。

### 2.2.4　创建预设的形状

CorelDRAW X4 中提供了一些比较常用的形状，如标题、箭头与标注等，选择这些形状可以方便地绘制出一些特殊的图形。

**1．基本形状的绘制**

CorelDRAW X4 中提供的基本图形主要有心形、平行四边形、环形、直角三角形以及等腰梯形等。要绘制这些基本图形，其具体的操作方法如下：

（1）单击工具箱中的"基本形状"按钮，在属性栏中单击"完美形状"按钮，可打开如图 2.2.13 所示的面板。

（2）在基本形状面板中选择所需的基本形状，然后将鼠标指针移至绘图区中，此时，鼠标指针变为形状，按住鼠标左键拖动，即可绘制出所选的图形。

**2．箭头形状的绘制**

CorelDRAW X4 中提供了多种箭头类型，要绘制这些箭头，其具体的操作方法如下：

（1）单击基本形状工具组中的"箭头形状"按钮。

（2）在属性栏中单击"完美形状"按钮，可打开预设的箭头形状面板，如图 2.2.14 所示，从中选择所需的箭头形状，在绘图区中拖动鼠标即可绘制出所选的箭头。

图 2.2.13　基本形状面板

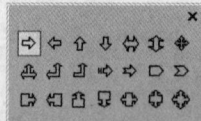

图 2.2.14　预设箭头形状面板

**3．流程图形状的绘制**

CorelDRAW X4 中提供了流程图工具，使用它可以绘制出数据流程图、信息系统业务流程图等常见流程图。要绘制流程图，其具体的操作方法如下：

（1）在基本形状工具组中单击"流程图形状"按钮。

（2）在属性栏中单击"完美形状"按钮，打开流程图面板，如图 2.2.15 所示。

（3）从中选择一种形状，在绘图区中按住鼠标左键拖动，即可绘制出所选的流程图。

#### 4．标题形状的绘制

使用星形工具可以绘制出多种常见的标题图形。要绘制预设的星形图形，其具体的操作方法如下：

（1）在基本形状工具组中单击"标题图形工具"按钮 。

（2）单击属性栏中的"完美形状"按钮 ，打开星形形状面板，如图 2.2.16 所示。

（3）从中选择一种标题形状，在绘图区中按住鼠标左键拖动，即可绘制出所选的标题形状图形。

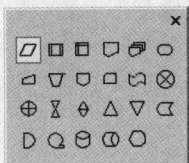

图 2.2.15　流程图面板　　　　　　　图 2.2.16　标题面板

#### 5．标注形状的绘制

标注经常用于做进一步的补充说明，例如绘制了一幅风景画，可以在风景画上绘制标注图形，并在标注图形中添加相关的文字信息。CorelDRAW X4 中提供了多种标注图形，要绘制标注图形，其具体的操作方法如下：

（1）在基本形状工具组中单击"标注形状工具"按钮 。

（2）在属性栏中单击"完美形状"按钮 ，可打开完美形状面板，如图 2.2.17 所示。从中选择所需的标注形状，然后在绘图区中拖动鼠标进行绘制，至适当大小后松开鼠标即可。

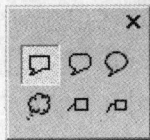

图 2.2.17　绘制标注形状

# 2.3　线条与图形的编辑

在 CorelDRAW X4 中，绘制完曲线与图形后，可以对其进行相应的调整，以达到设计和制作的要求，此时就可以使用 CorelDRAW X4 的编辑曲线功能来进行编辑与修改。

## 2.3.1　曲线的节点编辑

构成图形对象的基本要素是节点，使用形状工具可以对所绘图形的节点与线段进行编辑，通过移动节点和节点的控制点、控制线可以编辑曲线或图形的形状，也可通过增加和删除节点来编辑曲线与图形。

单击工具箱中的"形状工具"按钮 ，其属性栏如图 2.3.1 所示。此属性栏中提供了 3 种节点类型，即尖突节点、平滑节点和对称节点。节点类型的不同决定了节点控制点的属性也不同。

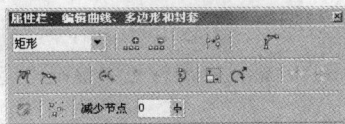

图 2.3.1　形状工具属性栏

尖突节点：在属性栏中单击"使节点成为尖突"按钮 ，可使所选中的节点变为尖突节点。尖突节点的控制点是独立的，当移动一个控制点时，另外一个控制点并不移动，从而使通过尖突节点的曲线能够尖突弯曲。

平滑节点：平滑节点的控制点之间是相关的，当移动一个控制点，另外一个控制点也会随之移动，通过平滑节点的线段将产生平滑的过渡。如果要想使某个尖角节点平滑或使节点两边的线段对称，就可单击形状工具属性栏中的"平滑节点"按钮 。

对称节点：生成对称节点的操作与使节点平滑的操作相似，唯一不同的是，单击形状工具属性栏中的"生成对称节点"按钮 后，节点两侧控制点的距离始终相等。

### 1. 选取节点

要对线条或图形的节点进行编辑，必须先选取要编辑的节点，选择节点一般有 3 种情况，即选择一个节点、选择多个节点和选择全部节点。

（1）选择曲线上的一个节点。要选择一个节点，可单击工具箱中的"形状工具"按钮 ，在所需选择的节点上单击，即可选中该节点。

（2）选择曲线上的多个节点。如果要选择多个节点，单击工具箱中的"形状工具"按钮 ，在按住"Shift"键的同时，用鼠标单击需要选择的多个节点，或者用鼠标框选所需节点，即可选中多个节点，如图 2.3.2 所示。

（3）选择曲线上的全部节点。如果要选择全部节点，单击工具箱中的"形状工具"按钮 ，在按住"Shift+Ctrl"键的同时，用鼠标单击任意一个节点，则全部节点都被选中，也可在形状工具属性栏中单击"选择全部节点"按钮 ，即可选中全部节点，如图 2.3.3 所示。

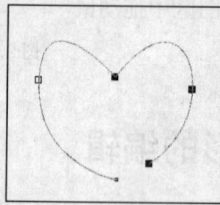

图 2.3.2　选择多个节点　　　　　　图 2.3.3　选择全部节点

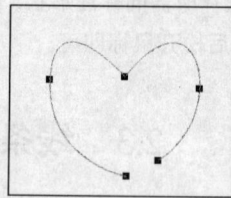

### 2. 移动节点

通过移动节点可以调整曲线和图形的形状，移动节点和节点上的控制点，可以使图形更加完美。

（1）移动曲线上的单个节点。使用贝塞尔工具在绘图区中绘制一个图形，使用形状工具在需要移动的节点上单击并按住鼠标左键拖动，节点可被移动。将鼠标指针移至节点上的控制点上并拖动，可调整图形的形状。

（2）移动曲线上的多个节点。单击工具箱中的"形状工具"按钮 ，框选图形上的多个节点，然后用鼠标拖动任意一个被选中的节点，其他被选中的节点也会随之移动。

### 3. 连接节点

连接节点后可以将一个开放的线段变成一个封闭的图形。其操作方法是单击工具箱中的"形状工具"按钮 ，选择两个需要连接的节点，然后在属性栏中单击"连接两个节点"按钮 ，就可以使开放的路径成为封闭的图形。

### 4. 分割节点

利用分割节点功能可以将一个封闭的图形变成一条一条的线段。具体的操作方法为单击工具箱中的"形状工具"按钮，在需要分割的节点上单击，然后在属性栏中单击"分割曲线"按钮，此时闭合的图形变为开放的图形，然后使用挑选工具移动断开的节点，可看到分割节点的效果如图 2.3.4 所示。

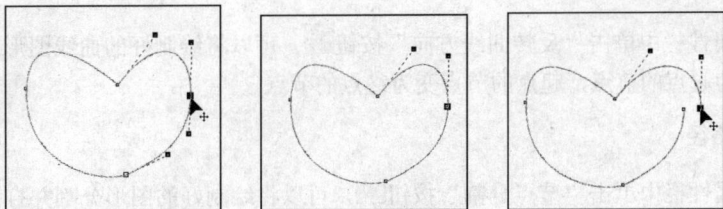

图 2.3.4　分割曲线节点

### 5．添加节点

如果要在绘制的曲线或图形上添加一个节点来改变它的形状，可单击工具箱中的"形状工具"按钮，在曲线或图形上要添加节点的地方单击鼠标左键，单击的地方会出现一个小黑点，然后在属性栏中单击"添加节点"按钮，即可在该处添加一个节点，如图 2.3.5 所示。

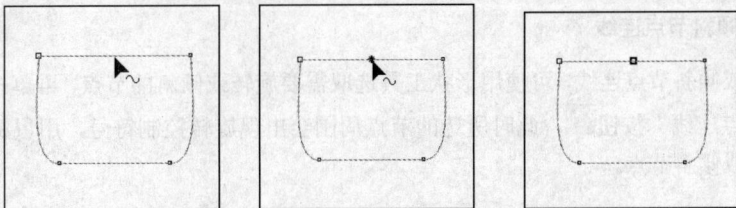

图 2.3.5　添加节点

单击形状工具属性栏中的"添加节点"按钮，也可以在同一线段上添加等比节点。其操作方法很简单，只需要使用形状工具在图形上随意选取一个节点，然后单击"添加节点"按钮，此时，线段中央将生成一个新的节点，再单击"添加节点"按钮，即可添加等比节点。

### 6．删除节点

使用形状工具选择图形或曲线上需要删除的节点，单击属性栏中的"删除节点"按钮，或直接在需要删除的节点上双击鼠标左键，即可删除节点。

### 7．转换直线为曲线

如果要将直线转换为曲线，其操作很简单，只需要使用形状工具选择直线段上的某个节点，再单击其属性栏中的"转换直线为曲线"按钮，此时，节点靠近起始方向的线段变为曲线，同时在节点上出现蓝色虚线的控制点，用鼠标拖动控制点就可以随意地调节曲线的弯曲度。

### 8．转换曲线为直线

如果要将绘制的曲线图形转换为直线，可单击工具箱中的"形状工具"按钮，选择需要转换为曲线的节点，然后在形状工具属性栏中单击"转换曲线为直线"按钮，即可将所选节点之间的曲线转换为直线。

### 9．自动封闭曲线

自动封闭曲线功能可将断开的节点用直线自动连接起来。单击形状工具属性栏中的"延长曲线使之闭合"按钮或"自动闭合曲线"按钮，都能自动封闭图形。不同的是，使用自动闭合曲线功能时只需要选择一个终止节点，而使用延长曲线使之闭合功能时，则必须选择线段的起始与终止的两个节点。

### 10. 反转曲线方向

在形状工具属性栏中单击"反转曲线方向"按钮，可以将绘制好的曲线图形的节点颠倒，即将终点的节点变为起点的节点，起点的节点变为终点的节点。

### 11. 提取子路径

在形状工具属性栏中单击"节点分割"按钮，可以将绘制好的图形分割并打散，然后单击属性栏中的"提取子路径"按钮，即可将分割后的路径分离成单独的线段节点。

### 12. 伸长和缩短节点连线

使用伸长或缩短节点连线功能可以改变两个或两个以上的节点之间的距离。具体的操作是，使用形状工具选择需要延长或缩短的节点，单击其属性栏中的"伸长或缩短节点连线"按钮，此时选择的节点周围将出现 8 个黑色小方块，用鼠标拖动小方块即可延长或缩短节点的连线。

### 13. 旋转与倾斜节点连线

如果要旋转或倾斜节点连线，可使用形状工具选取需要旋转或倾斜的节点，再单击其属性栏中的"旋转和倾斜节点连线"按钮，此时所选的节点周围会出现旋转控制符号，用鼠标拖动旋转控制符号，即可旋转或倾斜节点。

### 14. 曲线平滑度

可以通过设置曲线平滑度输入框中的数值来改变曲线的平滑度。

### 15. 弹性模式

弹性模式有两种状态，一种是关闭模式，一种是打开模式，不同模式下的图形变化不一样。单击形状工具属性栏中的"弹性模式"按钮，使其成为凹陷状态时，该功能为打开模式，反之则为关闭模式。

当弹性模式打开时，选择两个以上的节点并进行移动，在改变所选节点与其他节点相对位置的同时，所选节点之间的相对位置也在发生改变。

当弹性模式关闭时，所选节点与其他节点发生改变，而所选节点之间的相对位置不会发生改变。

### 16. 对齐节点

对齐节点功能可以使节点沿水平或垂直方向对齐，使用此功能可以制作出特殊的曲线和图形效果。

要使用对齐节点功能，其具体的操作方法如下：

（1）使用贝塞尔工具在绘图区中绘制曲线图形，如图 2.3.6 所示。

（2）使用形状工具选择曲线图形上需要对齐的两个或多个节点，如图 2.3.7 所示。

（3）在形状工具属性栏中单击"对齐节点"按钮，弹出 节点对齐 对话框，选中 ☑垂直对齐(V) 复选框，如图 2.3.8 所示。

（4）单击 确定 按钮，即可使所选的节点在垂直方向上对齐，如图 2.3.9 所示。

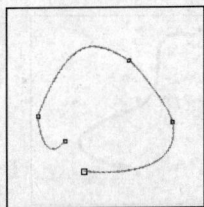

图 2.3.6 绘制的曲线图形

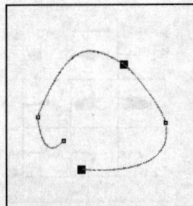

图 2.3.7 选择两个节点

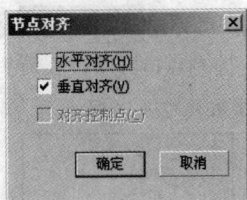

图 2.3.8 "节点对齐"对话框

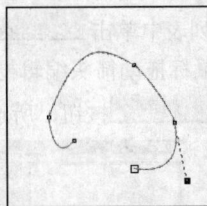

图 2.3.9 垂直对齐节点

## 2.3.2 编辑曲线的端点和轮廓

使用贝塞尔工具或手绘工具绘制曲线后,可以通过其属性栏设置曲线的端点和轮廓的样式。

### 1. 设置曲线的轮廓宽度

使用贝塞尔工具绘制曲线,再使用挑选工具选择绘制的曲线,如图 2.3.10 所示。

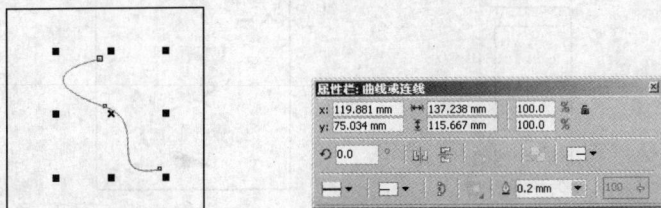

图 2.3.10 绘制曲线并选中

在属性栏中单击轮廓宽度下拉列表框  ,弹出轮廓宽度的下拉列表,从中选择相应的数值,如图 2.3.11 所示,也可直接在轮廓宽度下拉列表中输入相应的数值,按回车键来设置曲线宽度,改变曲线轮廓宽度后的效果如图 2.3.12 所示。

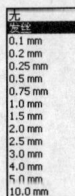

图 2.3.11 轮廓宽度下拉列表

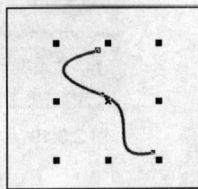

图 2.3.12 改变轮廓宽度后的效果

### 2. 设置曲线的箭头与样式

CorelDRAW X4 中提供了多种箭头与样式,应用这些箭头与符号可以使图形对象更加完善。属性栏中有两个选择箭头的下拉列表,其中,左边的可用于设置线条起始处的箭头,右边的可用于设置终止处的箭头。单击  或  下拉按钮,弹出箭头样式下拉列表,如图 2.3.13 所示。从中选择所需箭头样式,可在曲线的起始或终止点添加所选的箭头,效果如图 2.3.14 所示。

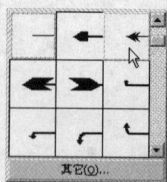

图 2.3.13　箭头样式下拉列表　　　　　　图 2.3.14　选择箭头样式

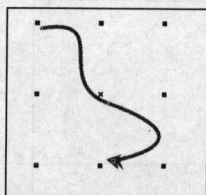

在箭头样式下拉列表中单击 [　　其它(O)...　] 按钮，可弹出 **编辑箭头尖** 对话框，如图 2.3.15 所示，在此对话框中用鼠标拖动箭头编辑框右侧中间的黑色控制点，可以拉长箭头，也可改变箭头的宽度，编辑好后，单击 [　确定　] 按钮，所选曲线的箭头效果如图 2.3.16 所示。

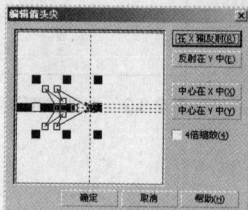

图 2.3.15　"编辑箭头尖"对话框　　　　　图 2.3.16　编辑箭头

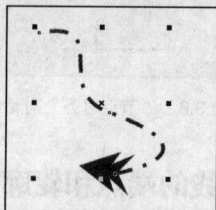

在贝塞尔工具属性栏中单击轮廓样式选择器下拉列表框 [—▼]，弹出如图 2.3.17 所示的轮廓样式选择器下拉列表，在其中选择所需的轮廓样式，即可改变曲线的样式，如图 2.3.18 所示。

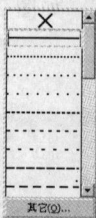

图 2.3.17　轮廓样式选择器下拉列表　　　图 2.3.18　改变曲线样式

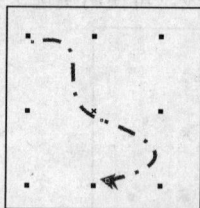

在轮廓样式选择器下拉列表中单击 [　其它(O)...　] 按钮，弹出 **编辑线条样式** 对话框，如图 2.3.19 所示。在对话框中可以对轮廓线进行编辑，编辑好后，单击 [添加(A)] 按钮，可以将新编辑的线条样式应用到曲线上。

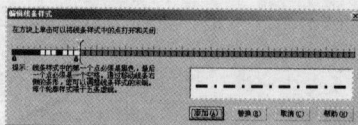

图 2.3.19　"编辑线条样式"对话框

## 2.3.3　编辑和修改形体

使用矩形、椭圆、多边形以及基本图形工具绘制的图形都是简单的形体，此类图形具有其特殊的属性，可以对其进行简单的编辑，如果需要对其进行比较复杂的编辑，就需要将这些简单的形体转换为曲线。

在 CorelDRAW X4 中可以使用形状工具调整图形的形状，调整图形形状主要有两种情况，一种是在保持图形原有的特殊属性的情况下，直接使用形状工具拖动节点进行调整；另一种是将图形对象转换为曲线后，再通过形状工具进行调整。

### 1. 直接用形状工具调整图形

通过工具箱中的矩形工具、椭圆形工具以及多边形工具等绘制的图形，都可以直接使用形状工具来调整。例如，在绘图区中绘制一个矩形后，单击工具箱中的"形状工具"按钮 🔧，将鼠标指针移至矩形四角的任意一个节点处，按住鼠标左键并拖动，即可调整矩形为圆角矩形，如图 2.3.20 所示。

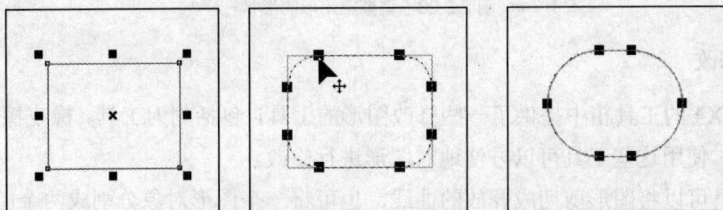

图 2.3.20　用形状工具调整矩形

也可在绘图区中绘制一个椭圆形，然后使用形状工具拖动椭圆图形上的节点，可将其调整为饼形图形，如图 2.3.21 所示。

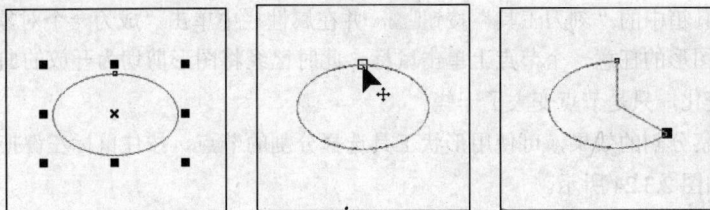

图 2.3.21　用形状工具调整椭圆形

### 2. 转换为曲线后调整图形

在 CorelDRAW X4 中，如果要修改图形的外形，可以使用 CorelDRAW X4 提供的转换曲线功能，将这些基本形体转曲后，可以方便地调整图形对象的外形。

要将图形转换为曲线后调整，其具体的操作方法如下：

（1）使用多边形工具在绘图区中拖动鼠标绘制一个三角形。

（2）选择菜单栏中的 排列(A) → 转换为曲线(V) 命令，或在属性栏中单击"转换为曲线"按钮 ◯，此时可以看出三角形上角的节点变大了一些，表示该节点为转曲后图形的起点，如图 2.3.22 所示。

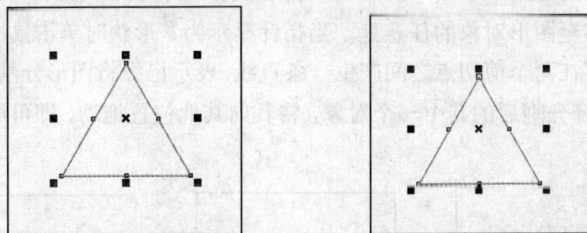

图 2.3.22　将三角形转换为曲线

（3）单击工具箱中的"形状工具"按钮 🔧，将鼠标指针移至三角形的任意一个节点上，按住鼠标左键拖动，可调整三角形的形状，也可在三角形的三条边上添加节点，然后再对该节点进行编辑，如图 2.3.23 所示。

图 2.3.23　调整三角形的形状

### 3．图形的修改

CorelDRAW X4 的工具箱中提供了一些修改图形的工具，包括刻刀工具、橡皮擦工具、涂抹笔刷以及粗糙笔刷等，使用这些工具可以方便地对图形进行修改。

使用刻刀工具可以将图形剪切成开放的曲线，也可将一个图形对象分割成两个图形对象。

如果要将图形对象变成开放的曲线，除了使用形状工具外，还可以使用刻刀工具来完成，其具体的操作方法如下：

（1）使用星形工具在绘图区中绘制一个星形。

（2）单击工具箱中的"刻刀工具"按钮 ，并在属性栏中单击"成为一个对象"按钮 。

（3）在星形图形的任意一个节点上单击鼠标，此时已经将图形剪切为开放的曲线了，但从图中无法看出有什么变化，只是节点变大了一些。

（4）为了观察分割的效果，可使用形状工具选择分割的节点，按住鼠标左键拖动，松开鼠标，其分割后的效果如图 2.3.24 所示。

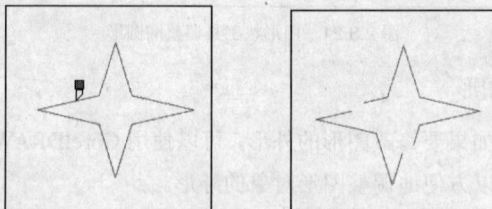

图 2.3.24　剪切图形为开放曲线

要将一个图形分割成两个相互独立的图形，其具体的操作方法如下：

（1）使用基本形状工具在绘图区中绘制需要分割的图形。

（2）单击工具箱中的"刻刀工具"按钮 ，并在属性栏中单击"剪切时自动闭合"按钮 。

（3）将鼠标指针移至图形对象的任意处，当指针显示为 形状时单击鼠标左键，再移动鼠标至图形的另一位置单击，可在两个剪切点之间产生一条直线，表示已经将图形分割成两个独立的图形了，此时可使用挑选工具选择分割后的其中一个对象，将其向其他位置拖动，即可清晰地看到分割后的效果，如图 2.3.25 所示。

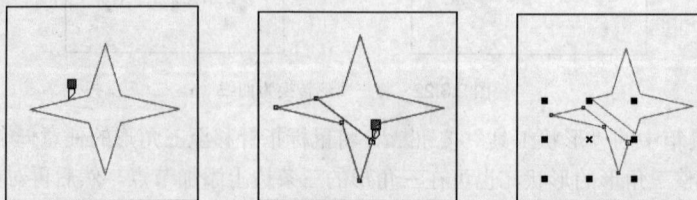

图 2.3.25　分割图形为两个独立的图形

使用橡皮擦工具可以将一个图形擦除为两条闭合的曲线。其具体的操作方法如下：

（1）在绘图区中绘制一个图形，单击工具箱中的"橡皮擦工具"按钮 。

（2）将鼠标指针移至图形上，单击鼠标左键，移动鼠标指针至图形的另一端，即图形的外部，单击鼠标左键并拖动，使其经过图形内部直到图形另一端，松开鼠标，这时，鼠标指针经过之处的图形会被擦除，图形被分割成两条闭合曲线。

选择橡皮擦工具后，将鼠标指针移至图形上，单击并按住鼠标左键拖动，可以将图形擦除为如图2.3.26 所示的形状。

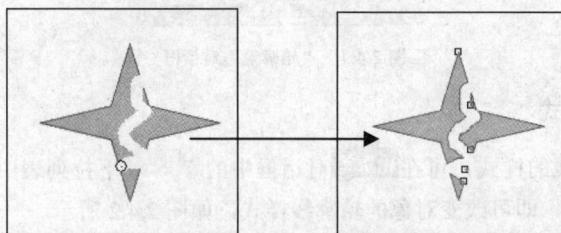

图 2.3.26　用橡皮擦修改图形

## 2.4　轮廓线设置

轮廓是指对象边缘的线条，在 CorelDRAW X4 中可以对图形对象的轮廓进行各种设置，从而制作出精美的轮廓效果。

在系统默认状态下，绘制出的图形已经画出了黑色的细线轮廓。通过调整轮廓线的宽度，可以创建出不同宽度的轮廓线，也可将图形设置为无轮廓。

### 2.4.1　设置对象轮廓属性

对象的轮廓属性包括轮廓线的粗细、轮廓线的样式、转角样式、线端以及对象的书法轮廓等，通过设置对象轮廓属性可美化对象的外观。

**1. 设置轮廓线粗细**

在绘图区中绘制的线条与图形，其轮廓线都比较细，可通过"轮廓笔"对话框来设置轮廓线的粗细程度。

单击工具箱中的"轮廓工具"按钮 ，在打开的工具组中单击"轮廓笔对话框"按钮 ，弹出 轮廓笔 对话框，如图 2.4.1 所示。

在 宽度(W): 下边的 发丝 下拉列表中可选择相应的数值，设置所选图形对象的轮廓线粗细。在此卜拉列表框右侧的 毫米 卜拉列表中可为轮廓线设置单位。

也可直接在 宽度(W): 下边的下拉列表中输入相应的数值，来设置对象的轮廓线粗细。例如，可将所选对象的轮廓线宽度设置为 5 mm，其具体的操作方法如下：

（1）使用多边形工具在绘图区中拖动鼠标绘制多边形对象。

（2）在轮廓工具组中单击"轮廓笔对话框"按钮 ，弹出 轮廓笔 对话框，在 毫米 下拉列表中选择毫米，在 发丝 下拉列表框中输入数值 5，单击 确定 按钮，即可改变多边形的轮廓线粗细。

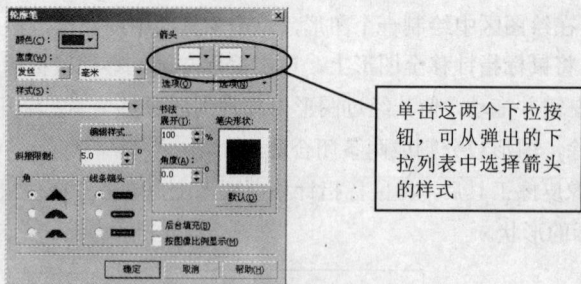

图 2.4.1　"轮廓笔"对话框

### 2．设置轮廓线的样式

要为对象设置轮廓线的样式，可在 轮廓笔 对话框中的 样式(S)：下拉列表中选择所需的轮廓线的样式，单击 确定 按钮，即可改变对象的轮廓线样式，如图 2.4.2 所示。

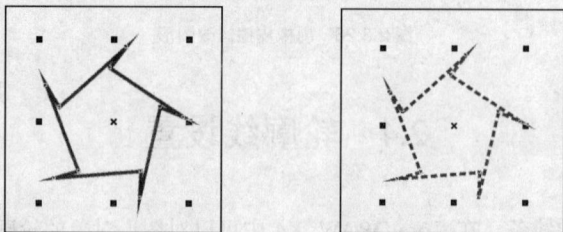

图 2.4.2　设置对象轮廓线的样式

如果在 样式(S)：下拉列表中没有找到满意的样式，还可以自己编辑一种新的轮廓线样式，并将其应用于对象上。要编辑新的轮廓线样式，其具体的操作方法如下：

（1）在轮廓工具组中单击"轮廓笔对话框"按钮 ，弹出 轮廓笔 对话框。

（2）在此对话框中单击 编辑样式... 按钮，弹出 编辑线条样式 对话框，如图 2.4.3 所示。

（3）用鼠标拖动对话框中的滑块，可调整线条样式的端点，然后单击其中的白色小方格，使其变为黑色小方格，即可编辑线条样式，如图 2.4.4 所示。

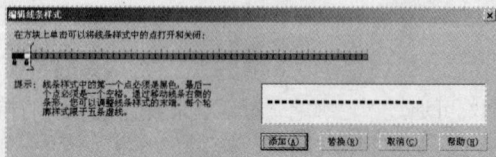

图 2.4.3　"编辑线条样式"对话框

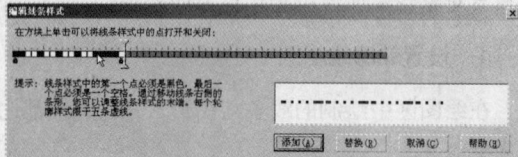

图 2.4.4　编辑线条样式

（4）编辑完成后，单击 添加(A) 按钮，可将编辑好的线条样式添加到 轮廓笔 对话框中的 样式(S)：下拉列表中，在此下拉列表中的最下面即可显示所编辑的样式。选择该样式，单击 确定 按钮，即可将该样式应用于所选的对象。

### 3．设置转角样式

在"轮廓笔"对话框中也可设置对象的转角样式，即锐角、圆角或梯形角，其具体的设置方法如下：

（1）使用多边形工具在绘图区中绘制一个多边形。为了便于查看效果，可将多边形的轮廓线宽度设置为 6 mm。

（2）在 轮廓笔 对话框的 角 选项区中选中相应的单选按钮，可改变对象的转角样式，如图 2.4.5 所示。

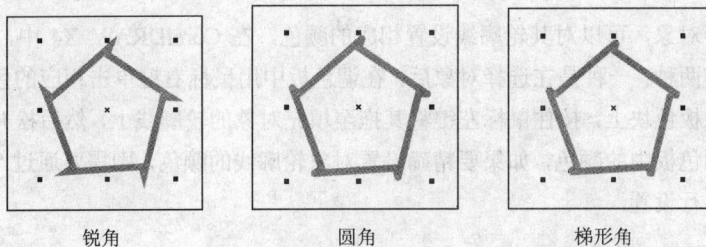

图 2.4.5 改变转角样式

### 4. 设置线端

在 CorelDRAW X4 中可以对开放的曲线设置线端，而对于封闭图形设置线端则看不出任何效果。要为曲线设置线端，其具体的操作方法如下：

（1）单击工具箱中的"贝塞尔工具"按钮，在绘图区中绘制一条曲线。

（2）在轮廓工具组中单击"轮廓笔对话框"按钮，弹出 轮廓笔 对话框，在 箭头 选项区中提供了 3 种线条端头样式，即平头、圆头与方头，从中选中相应的单选按钮，可改变线的端头，例如选择圆头或平头样式，效果如图 2.4.6 所示。

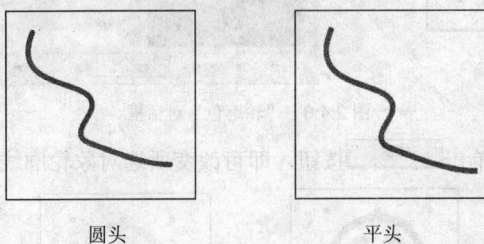

图 2.4.6 设置线的端头

### 5. 设置对象的书法轮廓

创建对象的书法轮廓效果，其具体的操作方法如下：

（1）使用钢笔工具在绘图区中拖动鼠标绘制曲线对象。

（2）在轮廓工具组中单击"轮廓笔对话框"按钮，弹出 轮廓笔 对话框，设置轮廓线的宽度为"3"，在 书法 选项区中的 笔尖形状: 设置框中按住鼠标左键拖动，即可调整对象的书法轮廓，此时对应的 展开(I): 与 角度(A): 微调框中的数值也会随之改变。

（3）设置好参数后，单击 确定 按钮，效果如图 2.4.7 所示。

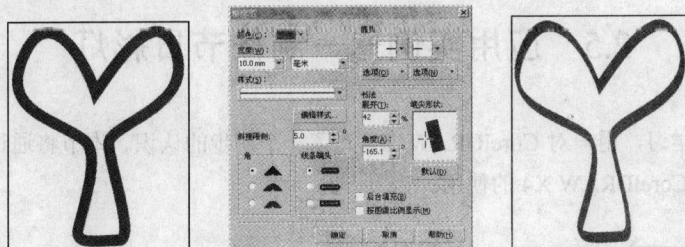

图 2.4.7 设置对象的书法效果

## 2.4.2　设置轮廓线颜色

绘制一个图形对象，可以对其轮廓线设置相应的颜色，在 CorelDRAW X4 中，通过鼠标设置轮廓线颜色的方法有两种：一种是在选择对象后，在调色板中用鼠标右键单击相应的色块；另一种是将鼠标指针移至调色板色块上，按住鼠标左键将其拖至填充对象的轮廓线上，然后松开鼠标即可。这两种方法只能使用调色板中的颜色，如果要精确设置对象轮廓线的颜色，则需要通过"轮廓色"对话框或颜色泊坞窗来进行设置。

### 1．使用"轮廓色"对话框

单击轮廓工具组中的"轮廓颜色对话框"按钮 ，弹出 轮廓色 对话框，如图 2.4.8 所示。在此对话框中打开 模型 、 混和器 与 调色板 选项卡，可在相应的选项卡中对所选对象的轮廓颜色进行精确设置。

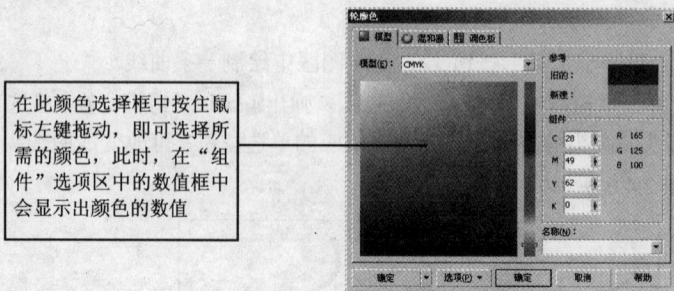

在此颜色选择框中按住鼠标左键拖动，即可选择所需的颜色，此时，在"组件"选项区中的数值框中会显示出颜色的数值

图 2.4.8　"轮廓色"对话框

设置好需要的颜色后，单击 确定 按钮，即可改变所选对象轮廓线的颜色，如图 2.4.9 所示。

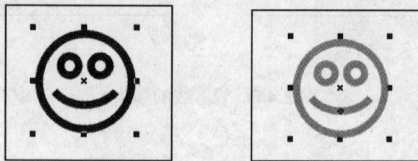

图 2.4.9　改变对象轮廓线颜色

### 2．使用颜色泊坞窗

单击轮廓工具组中的"颜色泊坞窗"按钮 ，打开 颜色 泊坞窗，在此泊坞窗中也可精确设置轮廓线的颜色。分别单击泊坞窗中的"显示颜色滑块"按钮 、"显示颜色查看器"按钮 或"显示调色板"按钮 ，可使颜色泊坞窗以不同的形式显示。

# 2.5　应用实例——制作节日彩灯

通过前几节的学习，用户对 CorelDRAW X4 有了一个初步的认识。本节将通过实例制作使用户进一步熟悉和掌握 CorelDRAW X4 的使用。

### 1．创作目的

本例将制作节日彩灯，最终效果如图 2.5.1 所示。

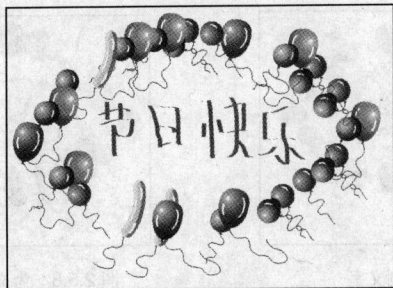

图 2.5.1　最终效果图

## 2．创作要点

创作本例时，主要用到了艺术笔工具、贝塞尔工具、形状工具等。

## 3．创作步骤

（1）新建一个图形文件，单击工具箱中的"贝塞尔工具"按钮，在绘图区中单击鼠标左键确定一个节点，拖动鼠标到另一位置单击，再继续拖动并单击，绘制如图 2.5.2 所示的图形。

（2）单击工具箱中的"形状工具"按钮，在绘制的图形上单击选中该图形，然后再单击每一个节点并对其进行修改，修改后的图形如图 2.5.3 所示。

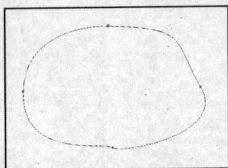

图 2.5.2　绘制图形

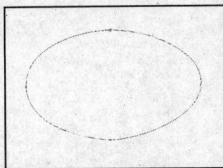

图 2.5.3　调整图形

（3）使用挑选工具选择绘制的图形，单击手绘工具组中的"艺术笔工具"按钮，在其属性栏中单击"喷罐"按钮，然后在属性栏中的喷涂文件列表中选择适当的喷涂样式，设置属性栏中的其他参数如图 2.5.4 所示。

图 2.5.4　"艺术笔工具"属性栏

（4）此时，即可将所做的设置应用于所选的曲线图形上，效果如图 2.5.5 所示。

（5）选择艺术笔工具属性栏中的"书法"按钮，设置其属性如图 2.5.6 所示。

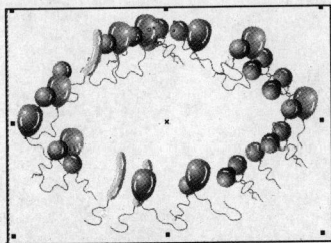

图 2.5.5　艺术笔效果

图 2.5.6　"艺术笔工具"属性栏

（6）在图中合适的位置绘制"节日快乐"文字，效果如图 2.5.7 所示。

（7）使用挑选工具选择"节日快乐"文字，在调色板中单击红色色块，可将其颜色填充为红色，如图 2.5.8 所示。

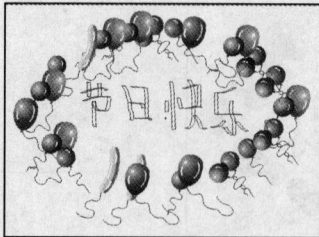

图 2.5.7　绘制文字

图 2.5.8　为文字填充颜色效果

（8）用鼠标右键单击调色板中最上面的无颜色色块⊠，去掉"节日快乐"的轮廓线，最终效果如图 2.5.1 所示。

# 本 章 小 结

本章主要介绍 CorelDRAW X4 中图形的绘制方法与编辑技巧，包括图形的创建、曲线的绘制以及曲线与图形的编辑等。学完本章，读者需要认真练习工具箱中各个绘图工具的使用方法，尽快将学到的知识应用到实际操作中。

# 习 题 二

## 一、填空题

1. CorelDRAW 中绘制的图形是由各种＿＿＿＿＿、＿＿＿＿＿、＿＿＿＿＿等基本图形元素组合而成。

2. 使用椭圆工具组中的椭圆工具和 3 点椭圆工具可以绘制出椭圆、正圆、饼形和＿＿＿＿＿＿等形状。

## 二、选择题

1. 使用（　　）可以比较精确地绘制直线、折线和圆滑的曲线。

    A．贝塞尔工具　　　　　　　　B．形状工具

    C．矩形工具　　　　　　　　　D．挑选工具

2. 利用（　　）可以创建具有特殊艺术效果的线条或图案。

    A．手绘工具　　　　　　　　　B．艺术笔工具

    C．度量工具　　　　　　　　　D．基本形状工具

## 三、简答题

简述使用形状工具调整图形形状的方法。

## 四、上机操作题

1. 根据本章提供的实例制作一个苹果。

2. 使用螺纹工具在绘图区中绘制一个螺纹回圈是 20 的螺纹。

# 第3章 颜色填充

在 CorelDRAW X4 中绘制一个图形时，需要先绘制图形的轮廓线，再根据需要对轮廓线进行编辑，并为其填充合适的颜色。本章将介绍图形对象轮廓线的绘制与颜色的填充方法。

【学习要点】

★ 色彩模式
★ 调色板的设置
★ 图形的填充

## 3.1 颜 色 模 式

色彩的调整是绘图过程中非常重要的一个环节。颜色模式是指图像在显示或打印输出时定义颜色的不同方式。例如在 CMYK 颜色模式中，所有的颜色都是由青色、洋红、黄色与黑色按不同比例混合生成的，可以生成几百万种颜色，而调色板只含有固定数量的颜色。

CorelDRAW X4 中提供了多种色彩模式，有 RGB，CMYK，Lab，HSB 与 HLS 等，其常用的颜色模式为 RGB 与 CMYK。这些模式都可以在 位图(B) → 模式(D) 命令下的子菜单中进行选择，也可以相互转换。

### 3.1.1 RGB 模式

自然界中的颜色可以由红、绿、蓝 3 种色光按照一定的比例合成，RGB 模式便是借助这一原理来描述色彩的。与 CMYK 颜色模式相反，RGB 颜色模式是一种加色模式。

RGB 模式是一种使用最广泛的色彩模式，每种色彩的取值范围都在 0～255 之间。此模式的图像比 CMYK 模式的图像文件要小得多，可以节省存储空间并降低内存使用率。

### ·3.1.2 CMYK 模式

当光线照射到某一物体上时，该物体将会吸收一些光线，同时会将其余波长的光线反射，而反射的色光就是人眼能看到的物体的颜色，也就是说一个物体所呈现的颜色是由自然光谱减去被吸收的光线所产生的。

CMYK 模式的彩色图像中的每个像素都由青色（C）、洋红（M）、黄色（Y）与黑色（K）按照不同的百分比组合而成，此颜色模式常应用于打印输出与印刷。对于熟悉印刷分色片或操作过电分机的人员来说，更习惯通过网点来对色彩进行校正，因为在 CMYK 颜色模式下每个像素网点的百分比更接近于印刷效果。

### 3.1.3　Lab 模式

RGB 模式是一种发光的屏幕加色模式，而 CMYK 模式是颜色反光的减色模式，Lab 模式不依赖于光线，它是一种包括了肉眼可见的所有颜色的色彩模式，弥补了 RGB 模式和 CMYK 模式的不足。

Lab 颜色模式是一种多通道的颜色模式，分别由一个亮度分量 L 及两个色彩分量 a 和 b 来表示颜色。其中 L 的取值范围在 0～100 之间，a 和 b 都是专色通道，其取值范围在-120～120 之间。Lab 模式下的图像处理速度要比 CMYK 模式处理图像的速度快数倍，与 RGB 模式的处理速度大致相同。如果要将 RGB 模式转换为 CMYK 模式，则系统会自动将 RGB 模式转换为 Lab 模式，再转换为 CMYK 模式。

### 3.1.4　HSB 模式

HSB 是色相、饱和度与明亮度的缩写。此模式是基于人眼对颜色的感觉而发生作用的，不同于 RGB 的加色原理和 CMYK 的减色原理。HSB 是将颜色理解为由色相、饱和度和明亮度组成。饱和度代表色彩的浓度，是指某种颜色中所含灰色数量的多少，饱和度越高，灰色成分就越低，颜色的色度就越高，其取值范围为 0（灰色）～100%（纯色）。例如，同样是蓝色，也会因为饱和度的不同而分为深蓝或淡蓝。明亮度指的是颜色的明暗程度，是对一个颜色中光强度的衡量，其取值范围为 0（黑色）～100%（白色）。

### 3.1.5　灰度模式

灰度模式又叫 8 位深度图。每个像素用 8 个二进制位表示，能产生 2 的 8 次方即 256 级灰色调。当一个彩色图被转换为灰度模式图像时，所有的颜色信息都将丢失。

灰度模式的图像就像黑白照片一样，只有明暗值，没有色相和饱和度颜色信息。0 代表黑，100% 代表白。

将彩色模式转换为双色调模式时，必须先转换为灰度模式，再由灰度模式转换为双色调模式，此过程在黑白印刷中经常使用。

## 3.2　调色板的设置

调色板是由一系列纯色组成的，可以从中选择填充和轮廓的颜色，使用调色板可对对象进行快速的填充。

### 3.2.1　选择调色板

选择菜单栏中的 窗口(W) → 调色板(L) 命令，可弹出其子菜单，如图 3.2.1 所示。该菜单中提供了多种不同的调色板可供使用。

如果不使用调色板，可在此菜单中选择 无(N) 命令，此时可在 CorelDRAW X4 窗口中关闭所有打开的调色板。

此外，在此菜单中选择 打开调色板(D)… 命令，弹出 打开调色板 对话框，如图 3.2.2 所示。从中选择需要的调色板，然后单击 打开(O) 按钮，即可将所选择的调色板载入 CorelDRAW X4 中，以便使用。

图 3.2.1  调色板子菜单              图 3.2.2  "打开调色板"对话框

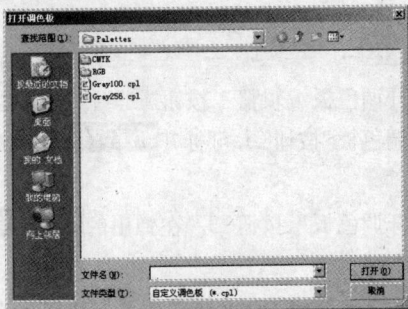

## 3.2.2  调色板浏览器

选择 窗口(W) → 调色板(L) → 调色板浏览器(B) 命令，可打开 调色板浏览器 泊坞窗，如图 3.2.3 所示。

**1．打开调色板**

打开调色板的方法如下：

（1）选择 窗口(W) → 调色板(L) → 调色板浏览器(B) 命令，打开 调色板浏览器 泊坞窗。

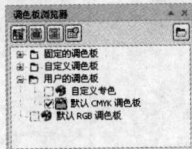

（2）选中所需调色板前面的复选框。

图 3.2.3  "调色板浏览器"泊坞窗

**2．创建调色板**

在 调色板浏览器 泊坞窗中可创建调色板。创建一个新的空白调色板的方法如下：

（1）选择 窗口(W) → 调色板(L) → 调色板浏览器(B) 命令，打开 调色板浏览器 泊坞窗。

（2）单击"创建一个新的空白调色板"按钮，弹出 保存调色板为 对话框，如图 3.2.4 所示。

（3）在该对话框中的 文件名(N): 文本框中输入所创建调色板的名称，单击 保存(S) 按钮即可。

使用选定的对象创建一个新调色板的方法如下：

（1）选择 窗口(W) → 调色板(L) → 调色板浏览器(B) 命令，打开 调色板浏览器 泊坞窗。

（2）选择一个或多个对象。

（3）在 调色板浏览器 泊坞窗中单击"使用选定的对象创建一个新调色板"按钮，在弹出的 保存调色板为 对话框中进行设置，单击 保存(S) 按钮即可。

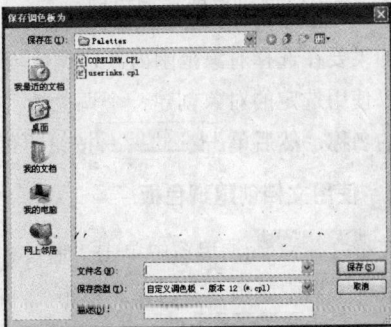

图 3.2.4  "保存调色板为"对话框

使用文档创建一个调色板的方法如下：

（1）选择 窗口(W) → 调色板(L) → 调色板浏览器(B) 命令，打开 调色板浏览器 泊坞窗。

（2）确定文档中有一个或多个对象。

（3）在 调色板浏览器 泊坞窗中单击"使用文档创建一个调色板"按钮，在弹出的 保存调色板为 对话框中进行设置，单击 保存(S) 按钮即可。

### 3．调色板编辑器

单击"打开调色板编辑器"按钮 ▦，在打开的 调色板编辑器 对话框中可新建、打开及编辑调色板，其方法如下：

（1）选择 窗口(W) → 调色板(L) → 调色板浏览器(B) 命令，打开 调色板浏览器 泊坞窗。

（2）单击"打开调色板编辑器"按钮 ▦，打开 调色板编辑器 对话框，如图 3.2.5 所示。

（3）单击"新建调色板"按钮 ▢，可打开 新建调色板 对话框，在该对话框中进行设置，单击 保存(S) 按钮即可。

（4）单击"打开调色板"按钮 ▢，在弹出的 打开调色板 对话框中选择所需要打开的调色板，单击 打开(O) 按钮即可。

（5）若在该对话框中新建了一个调色板，则可以单击"调色板另存为"按钮 ▣，将其保存。

（6）单击该对话框中的 编辑颜色(R) 按钮，可弹出 选择颜色 对话框，如图 3.2.6 所示，在该对话框中可编辑当前所选择的颜色，完成后单击 确定 按钮即可。

图 3.2.5　"调色板编辑器"对话框　　　　图 3.2.6　"选择颜色"对话框

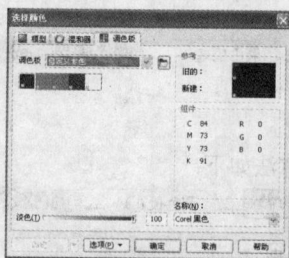

（7）单击 添加颜色(A) 按钮可为指定的调色板中添加颜色。

（8）单击 删除颜色(D) 按钮可将所选的颜色删除。

（9）单击 将颜色排序(S)▾ 按钮，在弹出的下拉菜单中选择颜色的排列方式。

（10）单击 重置调色板(R) 按钮可将调色板恢复到默认设置。

### 4．使用所选对象创建调色板

如果要在选择对象范围内新建调色板，只需要选择一个或多个对象后，在 调色板浏览器 泊坞窗中单击"使用选定的对象创建一个调色板"按钮 ▦，可弹出 保存调色板为 对话框，在其中可设置新建调色板的名称，然后单击 保存(S) 按钮即可。

### 5．使用文档创建调色板

在 调色板浏览器 泊坞窗中单击"通过文档创建一个新调色板"按钮 ▦，可以在打开的文档内新建调色板，文档中必须含有对象。单击 ▦ 按钮，可在弹出的 保存调色板为 对话框中设置创建的文件夹名称，然后单击 保存(S) 按钮即可。

### 6．在调色板编辑器中创建调色板

在 调色板浏览器 泊坞窗中单击"打开调色板编辑器"按钮 ▦，将弹出 调色板编辑器 对话框，如图 3.2.7 所示，在此对话框中可以创建调色板，也可在创建的调色板中添加颜色。

在此对话框中单击"新建调色板"按钮 ▢，可弹出 新建调色板 对话框，在该对话框中可设置新建调色板的名称，然后单击 保存(S) 按钮即可。

在 调色板浏览器 对话框中单击"打开调色板"按钮 ，将弹出 打开调色板 对话框，如图 3.2.8 所示。
在此对话框中选择一个调色板，然后单击 打开(O) 按钮，即可打开所选择的调色板。

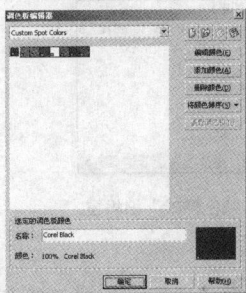

图 3.2.7　"调色板编辑器"对话框　　　　　图 3.2.8　"打开调色板"对话框

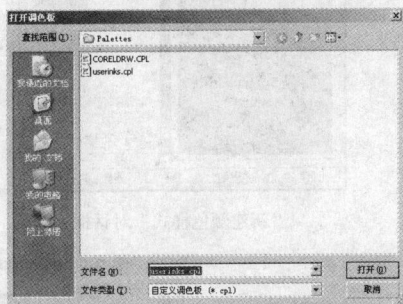

在 调色板浏览器 对话框中单击"保存调色板"按钮 ，即可对新建的调色板进行保存；如果单击
"调色板另存为"按钮 ，即可在弹出的 保存调色板为 对话框中保存当前调色板。

在 调色板浏览器 对话框中单击 编辑颜色(E) 按钮，可弹出 选择颜色 对话框，如图 3.2.9 所示，在此
对话框中可编辑当前所选的颜色。

如果要为创建的调色板添加颜色，可在 调色板编辑器 对话框中单击 添加颜色(A) 按钮，从弹出的
选择颜色 对话框中选择需要的颜色，然后单击 加到调色板(D) 按钮即可。

如果某些颜色不需要，可先选中要删除的颜色，然后在 调色板编辑器 对话框中单击 删除颜色(D)
按钮，可弹出如图 3.2.10 所示的提示框，单击 是 按钮，即可删除选中的颜色。

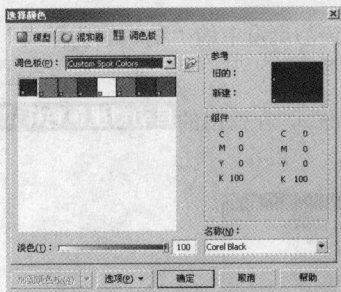

图 3.2.9　"选择颜色"对话框　　　　　　　图 3.2.10　提示框

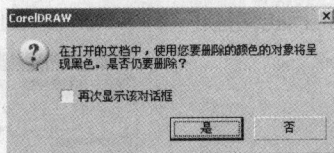

## 3.2.3　颜色样式

选择 工具(O) → 颜色样式(Y) 命令或选择 窗口(W) → 泊坞窗(D) → ✓ 颜色样式(Y) 命令，可打开 颜色样式
泊坞窗，如图 3.2.11 所示。

该泊坞窗提供了颜色样式可调和颜色或改变图案，还可以对一
系列相似的颜色进行链接以建立"父子"关系，使用该泊坞窗的方
法如下：

（1）选择 窗口(W) → 泊坞窗(D) → 颜色样式(S) 命令，打开
颜色样式 泊坞窗。

图 3.2.11　"颜色样式"泊坞窗

（2）单击该泊坞窗中的"新建颜色样式"按钮 ，在弹出的 新建颜色样式 对话框中选择合适的
颜色作为"父"颜色，单击 确定 按钮则该颜色样式显示在该泊坞窗中，如图 3.2.12 所示。

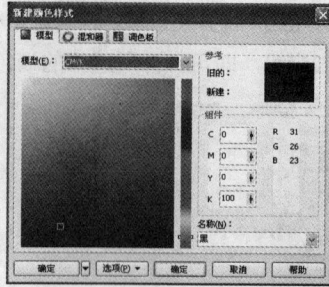

"新建颜色样式"对话框　　　　　　　　　　"颜色样式"泊坞窗

图 3.2.12　创建父颜色

（3）单击"新建子颜色"按钮 ▣，在弹出的 **创建新的子颜色** 对话框中创建子颜色，如图 3.2.13 所示。

"创建新的子颜色"对话框　　　　　　　　　　"颜色样式"泊坞窗

图 3.2.13　创建子颜色

（4）在该泊坞窗中选择父颜色或子颜色，再单击该泊坞窗中的"编辑颜色样式"按钮 ▣，可在弹出的相应对话框中重新编辑颜色。

（5）单击该泊坞窗中的"自动创建颜色样式"按钮 ▣，在弹出的 **自动创建颜色样式** 对话框中单击 ＿＿确定＿＿ 按钮可自动创建颜色样式，如图 3.2.14 所示。

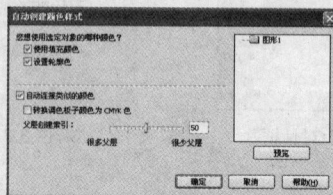

图 3.2.14　"自动创建颜色样式"对话框

# 3.3　图形的填充

在 CorelDRAW X4 中，颜色的填充就是对图形对象的轮廓和内部的填充。图形对象的轮廓只能填充单色，而图形对象的内部可以进行单色、渐变、图案以及纹理等多种方式的填充。

## 3.3.1　选择颜色

CorelDRAW X4 工作窗口右侧的调色板是多个纯色的集合，通过选择调色板中的颜色可以快速地填充图形对象。CorelDRAW X4 中提供了多种调色板,选择菜单栏中的 窗口(W) → 调色板(L) 命令,弹出其子菜单,从中可选择多种颜色调色板,默认状态下使用的是 CMYK 调色板。

使用挑选工具选择需要填充的对象,然后单击工作窗口右侧的调色板中的色彩方块,即可将所选颜色应用到对象上,如图 3.3.1 所示。

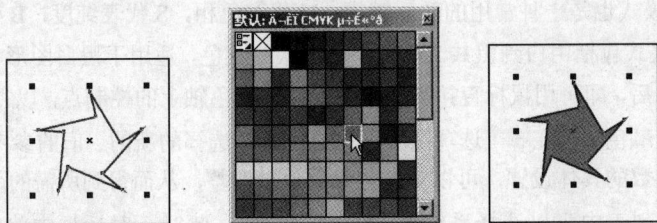

图 3.3.1 通过调色板填充图形

此外,在所选的颜色上按住鼠标左键不放,可弹出其近似色,如图 3.3.2 所示,如果用鼠标右键单击调色板中的 X 图标,可取消图形对象轮廓线,如图 3.3.3 所示。

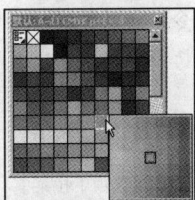

图 3.3.2 弹出的近似颜色

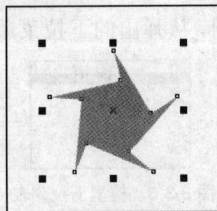

图 3.3.3 取消图形轮廓线

## 3.3.2 颜色填充

单击工具箱中"填充工具"按钮右下角的小三角形,可弹出隐藏的工具组,其中包括多种填充工具,如图 3.3.4 所示。

单击填充工具组中的"填充颜色对话框"按钮,弹出 均匀填充 对话框,从中可以设置所需的颜色,如图 3.3.5 所示。

图 3.3.4 填充工具组

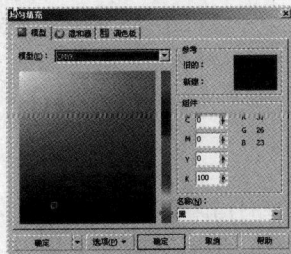

图 3.3.5 "均匀填充"对话框

"均匀填充"对话框中提供了 3 种设置颜色的方式,分别是颜色查看器、混合器和调色板,选择其中任何一种都可以设置所需的颜色。

### 1. 使用模型选项卡

在 均匀填充 对话框中打开 模型 选项卡后,可在 模型(E): 下拉列表中选择需要的色彩模式,如图 3.3.6 所示,其中部分色彩模式的含义如下:

(1)CMYK:此模式是印刷时常用的色彩模式,C 代表青色,M 代表洋红,Y 代表黄色,K 则代表黑色。大多数的印刷品都采用四色印刷，因此，在设计印刷作品时最好采用这种模式，既可节约印刷成本，又能符合印刷与设计的要求。

（2）RGB：此模式为三原色的色彩模式，R 代表红色，G 代表绿色，B 代表蓝色。电脑屏幕上显示的色彩即为 RGB 色彩模式。

（3）HSB：此模式也是一种常用的颜色模式，H 代表色相，S 代表纯度，B 代表明度。

（4）灰度：此模式包括由白到黑共 256 个不同层次的灰色，适用于黑白图形与单色印刷的设计。

选择好色彩模式后，即可用鼠标直接拖动视图窗口中各色轴上的控制点，以得到各种颜色，当在颜色窗口中选择一种颜色后，在 **参考** 选项区中可以显示出所选择的新的、旧的参考颜色，在 **组件** 选项区中将显示出颜色参数的具体设置，可以对这些参数加以调整，从而得到所需的颜色。

在 **名称(N)：** 下拉列表中可以选择系统预设的颜色名称，此时，对话框中将显示所选颜色的有关信息。

选择好一种颜色后，在 **均匀填充** 对话框中单击 **新增至色盘(A)** 按钮，即可将所选的颜色添加到调色板最后面。

单击 **选项(P)** 按钮，从弹出的下拉菜单中选择不同的命令，可以做进一步设置，如图 3.3.7 所示。

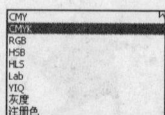

图 3.3.6　模型下拉列表　　　　　图 3.3.7　选项下拉菜单

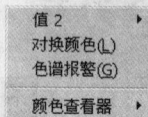

选择 **值 2** 命令，可以从弹出的子菜单中选择色彩的其他模式。

选择 **对换颜色(L)** 命令，可以将新的颜色和原来的颜色互换。

选择 **颜色查看器** 命令，可从弹出的子菜单中选择各种不同的色彩模式，然后再用鼠标拖动色轴上的滑块，就可得到各种颜色。

设置好颜色后，单击 **确定** 按钮，即可将选择的颜色填充到所选的图形对象中。

### 2．使用混合器选项卡

在 **均匀填充** 对话框中，打开 **混和器** 选项卡，可显示出该选项的参数，如图 3.3.8 所示。

在 **模型(E)：** 下拉列表中可以选择一种色彩模式，并通过调节 **大小(S)** 滑块来设置颜色块的多少。在 **色度** 下拉列表中可以选择一种色相，在 **变化(V)** 下拉列表中可以选择颜色变化的趋向。

选择好颜色后，单击 **确定** 按钮，就可将选择的颜色填充到所选对象中。

### 3．使用调色板

在 **均匀填充** 对话框中打开 **调色板** 选项卡，可显示出该选项参数，如图 3.3.9 所示，从中可以选择各种印刷工业中常见的标准调色板。

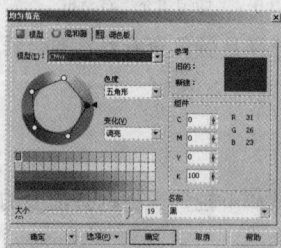

图 3.3.8　"混和器"选项卡　　　　　图 3.3.9　"调色板"选项卡

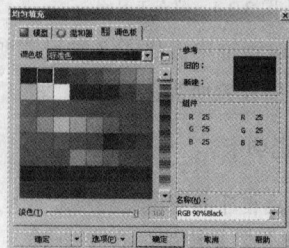

调色板 下拉列表中提供了多种常见的标准调色板，用户可根据需要进行选择。在 名称(N): 下拉列表中选择一种颜色的名称，颜色窗口中将会显示出该颜色。

设置好颜色后，单击 确定 按钮，即可将选择的颜色填充到所选对象中。

### 3.3.3 渐变填充

CorelDRAW X4 中提供了线性、射线、圆锥和方角 4 种渐变填充方式，利用渐变填充工具可以制作出多种渐变效果。

在工具箱中的填充工具组中单击"渐变填充"按钮 ，弹出 渐变填充 对话框，如图 3.3.10 所示。

在 类型(T): 右侧的 线性 下拉列表中提供了 4 种渐变类型，如图 3.3.11 所示，从中可选择所需的渐变类型。

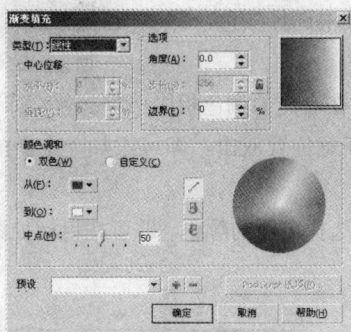

图 3.3.10 "渐变填充"对话框

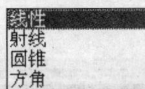

图 3.3.11 "类型"下拉列表

线性 ：可将选择的颜色分别置于混合颜色的两边，然后逐渐向中心调和两种颜色，默认的两种调和色为黑色到白色。

射线 ：由对象的边缘向中心辐射，可用来制作球体的反光效果。

圆锥 ：由对象的中心引出两条射线，将调和颜色分列两端，从而产生圆锥形的渐变效果。

方角 ：此渐变填充与 射线 渐变填充的原理类似，但它产生的是星光效果。

#### 1．双色渐变填充

在 CorelDRAW X4 中可以用两种颜色来调和渐变色。在 渐变填充 对话框中的 颜色调和 选项区中选中 双色(W) 单选按钮，其参数设置如图 3.3.12 所示。

图 3.3.12 颜色调和选项区

单击 从(F): 右侧的 下拉列表框，可弹出调色板，从中可选择起始颜色；单击 到(O): 右侧的 下拉列表框，可从弹出的调色板中选择终止颜色。

设置好颜色后，便可在 渐变填充方式 对话框右上角的渐变预览框中预览最终结果。

在 颜色调和 选项区中单击"直线"按钮 ，用两种在色轮上呈直线变化的颜色来填充图形；单击"顺时针"按钮 ，用两种在色轮上呈顺时针变化的颜色来填充图形；单击"逆时针"按钮 ，用两种在色轮上呈逆时针变化的颜色来填充图形。

在 中点(M): 微调框中输入数值或拖动滑块，可改变渐变填充的中心位置，如图 3.3.13 所示。

输入数值为 90　　　　　　　　　　　输入数值为 1

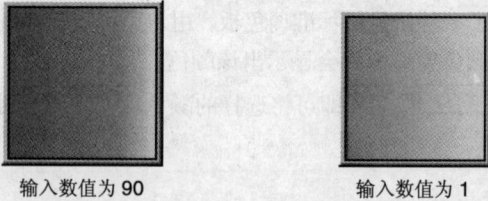

图 3.3.13　调节中点值后的效果

### 2. 自定义渐变样式

在 **渐变填充** 对话框中的 颜色调和 选项区中选中 ⊙ 自定义(C) 单选按钮，此时的 颜色调和 选项区如图 3.3.14 所示。

在如图 3.3.14 所示选项区左下方的渐变预览条上方有两个小方块色标，黑色即为选中状态，在右侧的调色板中选择颜色，即可改变选中的小方块处的颜色（即起始处的颜色）。

图 3.3.14　颜色调和选项区

在渐变条上单击右上方的小方块色标，然后在右侧的调色板中选择颜色，即可改变终止颜色。

在渐变预览条上的两个小方块色标中间的任意位置双击，即可添加一个新的色标，如图 3.3.15 所示。

使新的色标处于选中状态，然后在调色板中选择需要的颜色，即可在色标处添加所选的颜色，如图 3.3.16 所示。

图 3.3.15　添加色标　　　　　　　　　　　图 3.3.16　设置色标颜色

在 位置(P): 微调框中输入数值，可改变渐变预览条上被选中色标在渐变条上所处的位置。最左边为 0，最右边为 100%。

在渐变预览条上方再次双击，可继续添加色标，并可在右侧的调色板中选择相应的颜色来改变所选中的色标处的颜色。

如果对新增的颜色不满意，在渐变预览条上方双击所添加的色标，即可将添加的色标删除。

### 3. 设置渐变选项

在 **渐变填充** 对话框中的 选项 选项区中可设置渐变的角度、步长与边界填充。

在 角度(A): 微调框中输入数值，可设置线性、圆锥形或矩形填充渐变颜色的角度，当输入数值为正值时按逆时针旋转，输入负值时可按顺时针旋转。在此，输入数值 40，渐变效果如图 3.3.17 所示。

图 3.3.17　改变角度参数后的旋转效果

在 步长(S): 微调框的右侧单击 按钮，可使该微调框处于可用状态，即可以设置步长值。增加步长值，可以使色调更平滑，但会延长打印时间；减少步长值，可以提高打印速度，但会使色调变得粗糙，且使颜色的过渡明显不平滑，效果如图 3.3.18 所示。

在 边界(E): 微调框中输入数值，可设置线性、射线、矩形填充的渐变色调和比例，其取值范围在 0～49 之间，数值越小，边界颜色的影响范围就越小。设置数值为 49 时，渐变色将变为起始颜色和终止颜色控制的实色块。不同边界值的填充效果如图 3.3.19 所示。

步长值为 10　　　　　步长值为 256　　　　　　　边界值为 30　　　　　边界值为 0

图 3.3.18　改变步长值后的效果　　　　　　　图 3.3.19　设置边界值后的效果

#### 4．选择预设渐变样式

CorelDRAW X4 中提供了很多的预设渐变样式，可以在 **渐变填充** 对话框中的 预设 下拉列表中进行选择，这些样式预先设置了颜色、中心位置以及旋转角度，并且还确定了旋转的类型，可以根据需要进行调整。

在 预设 右侧单击 彩虹 - 01 下拉列表框，可弹出其下拉列表，从其中可以选择一种预设样式，此时可在预设框与渐变预览条中看到相应的渐变样式。选择好预设的渐变样式后，也可在 **渐变填充** 对话框中对所选预设渐变样式的类型、中心位置以及角度进行修改，单击 确定 按钮，可完成渐变填充，如图 3.3.20 所示。

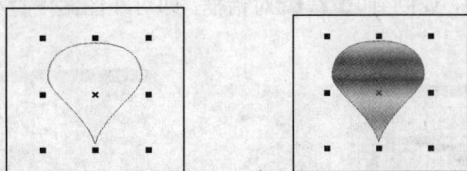

图 3.3.20　填充预设渐变样式

### 3.3.4　图案填充

CorelDRAW X4 中提供了图案填充功能，此填充方式可将预设图案以平铺的方式填充到图形中，使用图案填充可以设计出多种漂亮的填充效果。图案填充包括双色填充、全色填充和位图填充。

#### 1．双色填充

双色填充可使用由两种颜色构成的图案进行填充。单击工具箱中填充工具组中的"图案填充对话框"按钮 ，弹出 **图样填充** 对话框，选中 ⊙ 双色(C) 单选按钮，可显示该选项参数，如图 3.3.21 所示。

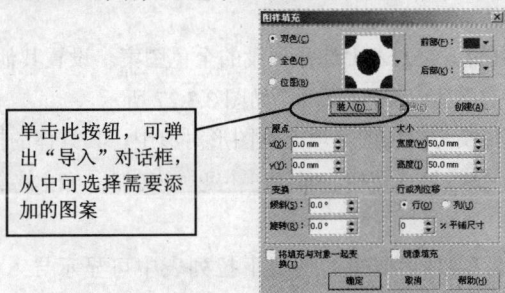

单击此按钮，可弹出"导入"对话框，从中可选择需要添加的图案

图 3.3.21　"填充图案"对话框

单击图案下拉列表框 ，弹出其下拉列表，从中可以选择预设的图案，如图 3.3.22 所示。

在 前部(F)： 与 后部(K)： 右侧单击 下拉按钮，从弹出的调色板中可选择双色图案所需的颜色。

在 原点 选项区中，通过设置 X，Y 微调框中的数值，可设置填充中点所在的坐标位置。

在 大小(S) 选项区中，通过设置 宽度(W)：与 高度(I)：数值，可以设置图案的大小。

在 行或列位移 选项区中，选中 · 行(O) 单选按钮，可设置行平铺尺寸的百分比；选中 · 列(U) 单选按钮，可设置列平铺尺寸的百分比；调节 平铺尺寸 数值，可指定行或列错位的百分比。

在 变换 选项区中，通过设置 倾斜(S)：与 旋转(R)：数值，可以改变图案的倾斜角度与旋转角度。设置好各选项参数后，单击 确定 按钮，填充双色图案后的效果如图 3.3.23 所示。

图 3.3.22　图案下拉列表

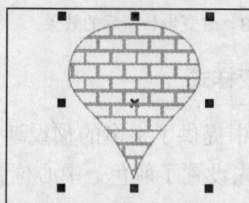

图 3.3.23　填充双色图案

如果预设的双色图案不能满足要求，则可在 图样填充 对话框中单击 创建(A)... 按钮，弹出 双色图案编辑器 对话框，在此对话框中可根据需要绘制图案。在空网格中单击或拖动鼠标左键，可使空网格被填充为黑色，而在黑色网格内单击鼠标右键将恢复网格为空网格，如图 3.3.24 所示，绘制好图案后，单击 确定 按钮，返回到 图样填充 对话框，即可在图案下拉列表中显示编辑的图案效果，如图 3.3.25 所示。

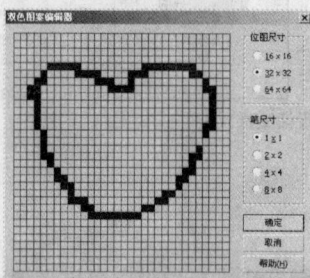

图 3.3.24　"双色图案编辑器"对话框

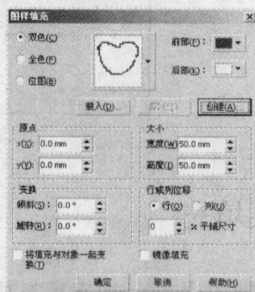

图 3.3.25　显示编辑的图案

### 2．全色填充

全色填充与双色填充非常相似，全色图案支持更多的颜色，它使用两种以上的颜色和灰度填充对象。全色图案可以是矢量图案也可以是位图图案。在 图样填充 对话框中选中 · 全色(F) 单选按钮，可显示出该选项参数，如图 3.3.26 所示。

单击图案下拉列表框 ，可从弹出的下拉列表中选择预设的全色图案。设置其他选项的参数，单击 确定 按钮，即可将所选的全色图案填充到对象中，如图 3.3.27 所示。

也可以从外部导入一幅图像，将其转换为全色图案填充到图形对象中，其具体的操作如下：

（1）在 图样填充 对话框中选中 · 全色(F) 单选按钮，单击 装入(D)... 按钮，弹出 导入 对话框，从中选择一幅需要导入的图像。

（2）单击 导入 按钮，在 图样填充 对话框中的图案下拉列表中可显示导入的图案，单击 确定 按钮，即可将该图案填充到所选的图形对象中。

### 3．位图填充

位图填充可使用预设的或导入的位图图像来填充对象，与全色填充不同的是，位图填充能使用位图进行填充，而不能使用矢量图填充，且位图图案可以被保存或删除。

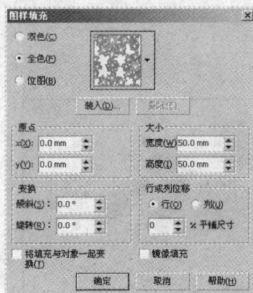

图 3.3.26 "图样填充"对话框中的全色选项

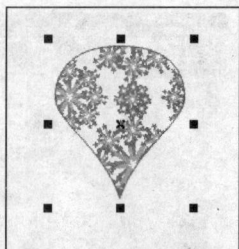

图 3.3.27 全色图案填充

要使用位图图案填充对象，可在 图样填充 对话框中选中 ⊙ 位图(B) 单选按钮，然后在图案下拉列表中选择需要的预设图案，或单击 装入(D)... 按钮，从弹出的 导入 对话框中选择位图图像，单击 导入 按钮，即可将其导入为位图图案，在 图样填充 对话框中设置其他选项参数，单击 确定 按钮，即可为对象填充位图图案。

## 3.3.5 底纹填充

底纹填充可以将各种材料底纹、材质或纹理填充到对象中。在工具箱中单击填充工具组中的"底纹填充对话框"按钮 ，弹出 底纹填充 对话框，如图 3.3.28 所示。

在 底纹库(L): 下拉列表中可以选择不同的底纹库，在 底纹列表(T): 下拉列表中选择底纹样式，并可根据所选的底纹样式在对话框右侧设置底纹的亮度以及密度等参数，以产生各种不同的底纹图案。

在 底纹填充 对话框中选择并设置好底纹样式后，单击 选项(O)... 按钮，弹出 底纹选项 对话框，如图 3.3.29 所示，在 位图分辨率(R): 下拉列表中可选择所需的分辨率，也可直接输入数值来改变位图的分辨率。

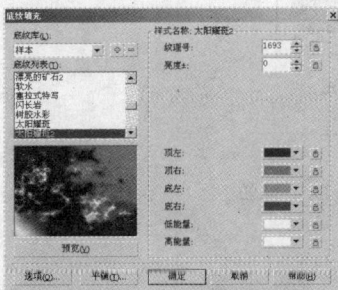

图 3.3.28 "底纹填充"对话框

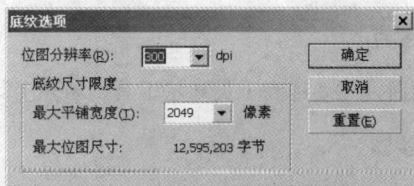

图 3.3.29 "底纹选项"对话框

在 底纹填充 对话框中单击 预览(V) 按钮，所选的底纹样式也会随机发生变化。设置完成后，单击 确定 按钮，即可将所选的底纹填充到所选对象中。

## 3.3.6 PostScript 底纹填充

PostScript 底纹是由 PostScript 语言编写出的一种特殊底纹。在填充工具组中单击"PostScript 填充对话框"按钮 ，弹出 PostScript 底纹 对话框，如图 3.3.30 所示。

在此对话框中选中 ☑ 预览填充(P) 复选框，以方便选择底纹样式，在对话框左侧的下拉列表中选择填充样式，然后在 参数 选项区中可设置 PostScript 底纹的相关参数，单击 刷新(R) 按钮，可预览设置后的效果，设置完成后，单击 确定 按钮，即可将所选的 PostScript 底纹填充到所选对象中，如图 3.3.31 所示。

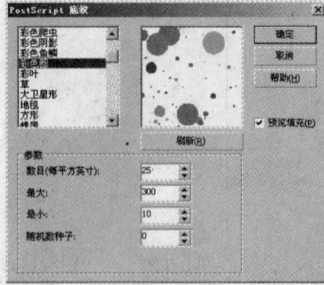

图 3.3.30　"PostScript 底纹"对话框　　　图 3.3.31　PostScript 底纹填充

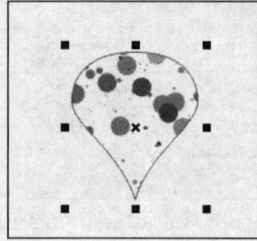

# 3.4　应用实例——制作小猪形象

## 1. 创作目的

本例将制作小猪形象，最终效果如图 3.4.1 所示。

图 3.4.1　最终效果图

## 2. 创作要点

创作本例时，主要用到了贝塞尔工具、填充工具、矩形工具等。

## 3. 创作步骤

（1）新建一个图形文件，单击工具箱中的"贝塞尔工具"按钮，在绘图区中拖动鼠标绘制如图 3.4.2 所示的图形，作为小猪的头。

（2）单击填充工具组中的"颜色填充工具"按钮，弹出**均匀填充**对话框，设置其参数如图 3.4.3 所示。

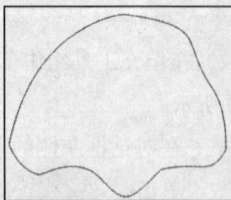

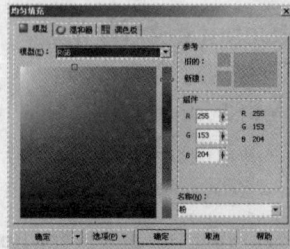

图 3.4.2　绘制图形　　　　　　图 3.4.3　"均匀填充"对话框

（3）单击 确定 按钮，可为图形填充颜色，单击工具箱中的"轮廓工具"按钮，在弹出的
轮廓笔对话框中设置其参数如图 3.4.4 所示。

（4）单击 确定 按钮，图形效果如图 3.4.5 所示。

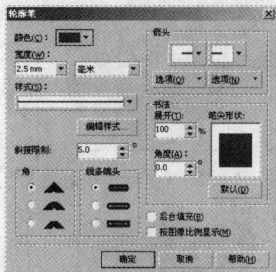

图 3.4.4 "轮廓笔"对话框          图 3.4.5 填充效果

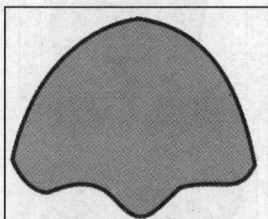

（5）单击工具箱中的"贝塞尔工具"按钮，绘制如图 3.4.6 所示的图形，作为小猪的身躯。

（6）选择菜单栏中的 编辑(E) → 复制属性自(M)… 命令，弹出 复制属性 对话框，设置其参数如
图 3.4.7 所示。

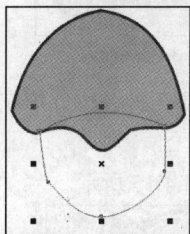

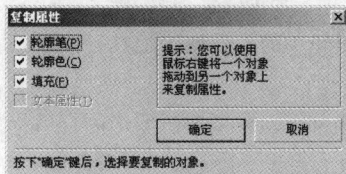

图 3.4.6 绘制图形          图 3.4.7 "复制属性"对话框

（7）单击 确定 按钮后单击小猪头部图形，复制属性后效果如图 3.4.8 所示。

（8）按"Ctrl+Page Down"组合键将图形后置一层，效果如图 3.4.9 所示。

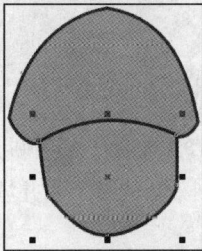

图 3.4.8 绘制正方形          图 3.4.9 "填充图案"对话框

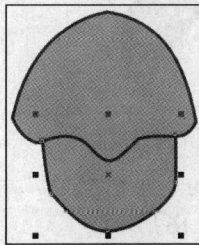

（9）单击工具箱中的"椭圆形工具"按钮，在绘图区绘制椭圆并填充（设置其参数见图 3.4.3）
颜色，设置其轮廓线为"2.5 mm"，单击属性栏中的"转换为曲线"按钮，将选区转化为曲线，用
图形工具进行调节绘制"耳朵"部分，效果如图 3.4.10 所示。

（10）按小键盘区的"+"号键，复制一个"耳朵"部分，调整其位置和大小，效果如图 3.4.11
所示。

（11）重复步骤（9）和（10）的操作，绘制小猪的"胳膊"部分，调整其到合适位置，效果如
图 3.4.12 所示。

（12）重复步骤（9）和（10）的操作，绘制小猪的"腿"，调整其到合适位置，按"Shift+Page Down"
组合键，将其置于最下层，效果如图 3.4.13 所示。

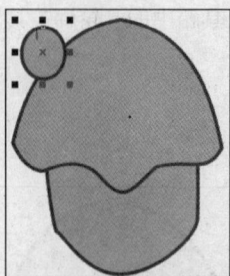

图 3.4.10　绘制耳朵

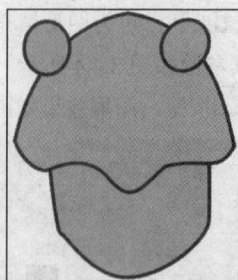

图 3.4.11　复制耳朵

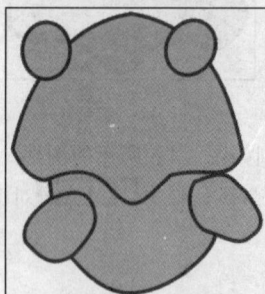

图 3.4.12　绘制胳膊

图 3.4.13　绘制腿

（13）单击工具箱中的"贝塞尔工具"按钮，绘制小猪的指甲部分，并填充为"栗色"，效果如图 3.4.14 所示。

（14）复制指甲部分，分别放于图形的合适位置，效果如图 3.4.15 所示。

图 3.4.14　绘制指甲

图 3.4.15　为小猪添加指甲

（15）单击工具箱中的"贝塞尔工具"按钮，绘制小猪的鼻子，并填充（设置参数见图 3.4.3 所示）颜色，效果如图 3.4.16 所示。

（16）单击工具箱中的"椭圆形工具"按钮，绘制鼻孔，并填充为"栗色"，效果如图 3.4.17 所示。

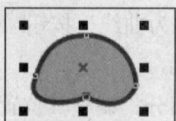

图 3.4.16　绘制鼻子

图 3.4.17　绘制鼻孔

（17）单击工具箱中的"贝塞尔工具"按钮，绘制小猪的嘴巴并填充为"黑色"，绘制舌头填充为"红色"，效果如图 3.4.18 所示。

（18）调整好鼻子、嘴巴位置后绘制小猪的眼睛和眉毛，效果如图 3.4.19 所示。

（19）单击工具箱中的"矩形工具"按钮，绘制矩形并填充如图 3.4.20 所示的颜色。

图 3.4.18 绘制嘴巴 　　图 3.4.19 绘制眼睛 　　图 3.4.20 绘制矩形

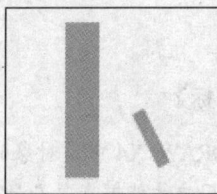

（20）将绘制的矩形复制并放在合适位置遮盖多余的线条，最终小猪的效果如图 3.4.1 所示。

# 本 章 小 结

本章主要介绍了 CorelDRAW X4 中对象轮廓线的设置和对象的填充。学完本章，读者需要认真练习轮廓线和填充工具的使用方法，以便绘制出精美的图形，并将所学到的知识应用到实际操作中去。

# 习 题 三

**一、填空题**

1. CorelDRAW X4 中提供了 4 种渐变填充类型，即_____、_____、_____和_____。

2. _____填充是在封闭路径的对象内填充单一的颜色，此填充也是最基本的填充方式。

**二、选择题**

1. 渐变填充包含有（　）填充类型。

　　A. 线性渐变　　　　　　　　B. 射线渐变

　　C. 圆锥渐变　　　　　　　　D. 方角渐变

2. 使用滴管工具可以选择的填充方式有（　）。

　　A. 单色　　　　　　　　　　B. 渐变

　　C. 图案　　　　　　　　　　D. 位图

**三、简答题**

1. 如何设置对象的轮廓线颜色？

2. 如何使用调色板浏览器创建新的调色板？

3. 如何使用交互式网状填充工具对图形对象进行填充？

**四、上机操作题**

新建一个图形文件，使用绘图工具绘制图形对象，练习使用各种填充方式对其进行填充，并设置其轮廓线颜色。

# 第 4 章　对象的操作

【学习目标】

在 CorelDRAW X4 中，对象的操作既是最基础的知识，又是最重要的知识，只有将这些基础知识牢固地掌握，用户才能够在复杂的创作中应用自如。这一章将主要介绍对象的选取、变换、变形以及造型等操作。

【学习要点】

★ 对象的选取
★ 对象的基本操作
★ 对象的变换
★ 对象的排序
★ 对象的结合与群组
★ 对象的造型

## 4.1　对象的选取

在对图形对象进行编辑前，通常都要先选中对象。当用户选中对象后，对象中心会出现 8 个黑点，这称之为控制手柄，同时，在其中心会出现一个"×"符号，用来表示对象的中心位置，如图 4.1.1 所示。

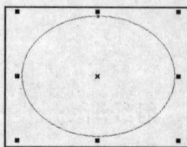

图 4.1.1　对象的选取

### 4.1.1　普通选取

普通选取是指简单地选取对象，包括对象的单击选取、增加或取消选取对象、框选对象。

#### 1. 对象的单击选取

在工具箱中选择挑选工具 ，其属性栏如图 4.1.2 所示。

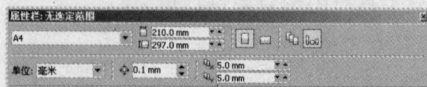

图 4.1.2　挑选工具属性栏

空格键是挑选工具的快捷键，在使用其他工具时，按下空格键可以快速切换到挑选工具，再按一下空格键则切换回原来的工具。

**2. 增加或取消选取对象**

当选中一个对象后，需要增加选取其他对象，可按住"Shift"键，单击要加选的其他对象，即可选取多个图形对象。

当选中多个对象后，需要取消部分对象的选取，可按住"Shift"键，单击需要取消选取的图形对象，即可取消该对象的选取。

**3. 框选对象**

选择挑选工具后，按下鼠标左键在页面中拖动，将所有的对象框在蓝色虚线框内，则虚线框中的对象将被选中，如图 4.1.3 所示。

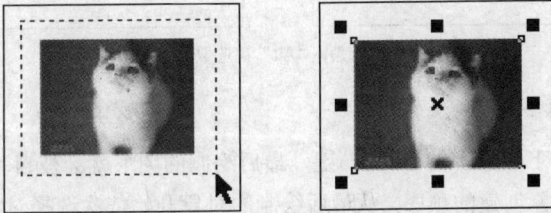

图 4.1.3　框选对象

在框选对象时，要求将所有的对象框在蓝色虚线框内；若按下"Alt"键不放，按下鼠标左键在页面中拖动，只要蓝色虚线框"接触"到的图形对象都可被选中，如图 4.1.4 所示。

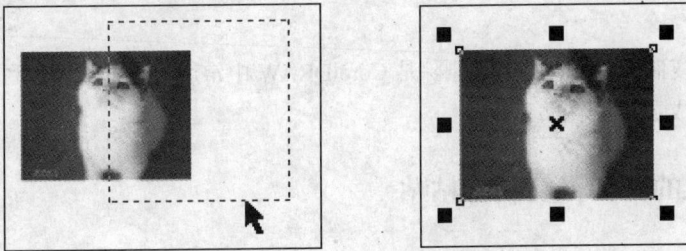

图 4.1.4　接触式框选对象

在框选对象时，可按下"Shift"键，绘制多个虚线框来选择不相邻的几组对象，如图 4.1.5 所示。

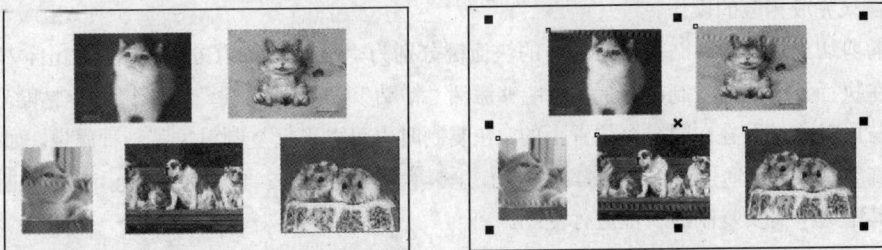

图 4.1.5　选取不相邻的对象

## 4.1.2　特殊选取

特殊选取是指选取重叠的对象或多层次的对象，包括使用"Alt"键和使用"Tab"键选取对象。

### 1．使用"Alt"键选取重叠对象

在选取重叠的对象，特别是完全被覆盖的对象时，使用普通选取方法很难选中，这时就要采用"Alt"键来选取重叠对象。其方法是：按住"Alt"键不放，用挑选工具单击想要选取的图形对象，每单击一次，选取的都是前一个对象下面的对象，当选定到最底层时，顶层的对象又被选中，依次循环。如图 4.1.6 所示是由小到大、由底层到顶层绘制的心形，用户可以按住"Alt"键不放，在心形的公共部分上（即最小的心形上）单击鼠标，来依次选中每一个心形。

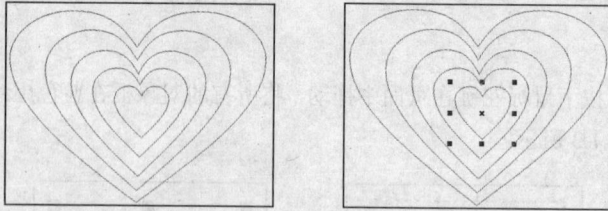

图 4.1.6 　使用"Alt"键选取重叠对象

### 2．使用"Tab"键选取对象

选择选取工具后，按下键盘上的"Tab"键，最后绘制的图形就会被自动选中，再次按下"Tab"键，系统就会自动按照对象创建的顺序，从最后绘制的对象开始依次选择对象；如果同时按下"Tab"键和"Shift"键，系统则会从开始绘制的第一个对象开始依次选择对象。

# 4.2　对象的基本操作

对象的剪切、复制、粘贴、再制与删除是 CorelDRAW 中常用的基本操作，利用这些基本操作，用户可以轻松地完成看似复杂的绘图。

## 4.2.1　对象的剪切、复制与粘贴

对象的剪切和复制是指将对象复制到剪贴板上的过程，而对象的粘贴是将剪贴板上的对象复制到 CorelDRAW 绘图页中的过程。用户可以利用标准工具栏中的"剪切"按钮、"复制"按钮和"粘贴"按钮来完成相应的操作。

对象的剪切、复制与粘贴操作常使用的快捷键分别为"Ctrl+X"，"Ctrl+C"和"Ctrl+V"。

只有在执行了剪切或复制命令后，才能够激活"粘贴"按钮。选择"复制"→"粘贴"命令后，复制对象与原对象是重叠在同一个位置上的。在复制时也可以仅仅复制对象某一种属性，如填充、轮廓色或轮廓笔。这时可通过选择 编辑(E) → 复制属性自(M)... 命令，打开如图 4.2.1 所示的 复制属性 对话框，在其中选中需要复制的属性进行复制。

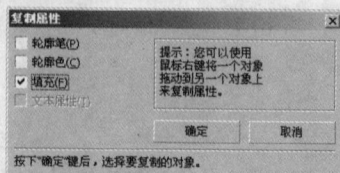

图 4.2.1 　"复制属性"对话框

### 4.2.2　对象的再制

对象的再制与复制功能相似，与"复制"不同的是"再制"是将对象复制到偏离初始位置的右上角，其功能相当于"复制+粘贴"。其操作方法是：选中一个需要再制的对象，然后选择 编辑(E) → 再制(D)　　　　　　Ctrl+D 命令，即可在原对象的右上角再制出一个所选对象，如图 4.2.2 所示。

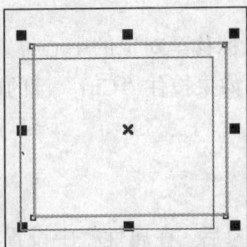

图 4.2.2　对象的再制

用户可以用快捷键"Ctrl+D"来再制对象，此时再制的对象与原对象之间有一定的距离；用户还可以按小键盘上的"+"键来再制对象，此时再制的对象与原对象是完全重合的。

### 4.2.3　对象的删除

删除对象的操作也是非常简单的，其操作方法是选中对象后选择 编辑(E) → 删除(L) 命令或按"Delete"键即可。

当对对象进行了一些操作后，如果想删除上一步操作，可选择 编辑(E) → 撤消填充(U) 命令或按"Ctrl+Z"键，不断地按"Ctrl+Z"键可一步步地撤销上一步操作。有时会出现撤销步骤过多的情况，这时可选择 编辑(E) → 重做填充(E) 命令，或按"Ctrl+Shift+Z"键。当选中一个对象并对其进行任何一种操作后，希望继续进行与上一步相同的操作可选择 编辑(E) → 重复填充(R) 命令或按"Ctrl+R"键来完成。

# 4.3　对象的变换

对象的移动、旋转、倾斜、缩放、镜像等操作都可以通过在"变换"泊坞窗中的选项进行设置，以得到更精确的变换效果。

选择 窗口(W) → 泊坞窗(D) → 变换(E) 命令，在变换命令的子菜单中就包含了"位置""旋转""比例与镜像""尺寸"和"倾斜"5 个功能命令，单击其中一个即可打开相应的"变换"泊坞窗，效果如图 4.3.1 所示。

在变换选项设置完毕后，单击 应用 按钮，即可将变换效果应用到对象上去；如果单击 应用到再制 按钮，将会得到一个该对象变换后的副本。

在 CorelDRAW X4 中可以对对象进行各种变换操作，包括改变对象的位置、大小和旋转、缩放、倾斜对象。

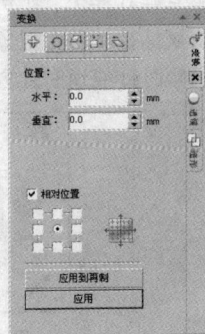

图 4.3.1　"变换"泊坞窗

### 4.3.1　改变对象的位置

要移动对象的位置，可直接使用鼠标移动对象，也可通过属性栏中的参数设置来精确移动对象的位置。

#### 1．使用鼠标移动对象

选择需要移动的对象后，将鼠标光标移至对象的中心位置，此时光标显示为 ✛ 形状，按住鼠标左键并拖动，即可移动所选择的对象。如果按住"Ctrl"键的同时使用鼠标左键拖动对象，则所选的对象只在水平或垂直方向上移动。

#### 2．精确移动对象

如果要精确移动对象，可在选择对象后，在属性栏中设置水平与垂直方向的坐标值，也可选择菜单栏中的 排列(A) → 变换(F) → 位置(P)　　Alt+F7 命令，可打开 变换 泊坞窗，如图 4.3.2 所示。

选中 ☑ 相对位置 复选框，再选中对象位置指示器中的原点，系统将以所选对象的中心位置作为坐标原点，此时，位置: 下方的 水平: 0.0 mm 与 垂直: 0.0 mm 微调框中的数值显示为 0 。在 水平: 0.0 mm 与 垂直: 0.0 mm 微调框中输入数值，可改变所选对象的坐标位置。设置好参数后，单击 应用 按钮，即可按所设置的参数精确地移动对象。

在 变换 泊坞窗中，设置好参数后，单击 应用到再制 按钮，系统将会在保留原对象的基础上再复制出一个对象。

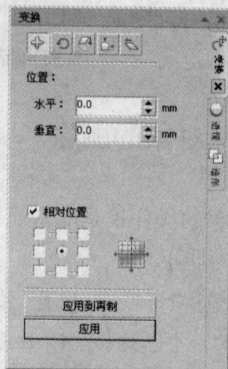

图 4.3.2　"变换"泊坞窗中的位置选项

### 4.3.2　旋转对象

旋转对象的方法有两种：一种是使用鼠标旋转；另一种是使用"变换"泊坞窗旋转。

#### 1．使用鼠标旋转对象

选择挑选工具，将鼠标指针移至对象上并双击鼠标左键，此时，对象周围将显示出 8 个双向箭头，并在中心位置显示一个小圆圈，即对象的旋转中心，如图 4.3.3 所示。

将鼠标指针移至对象四角的任意一个旋转符号 ↘ 上，此时鼠标指针显示为 ↻ 形状，按住鼠标左键并沿顺时针或逆时针方向拖动，即可使对象绕着旋转中心进行旋转，如图 4.3.4 所示。

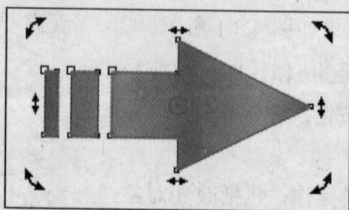

图 4.3.3　使对象处于旋转状态　　　　　　图 4.3.4　旋转对象

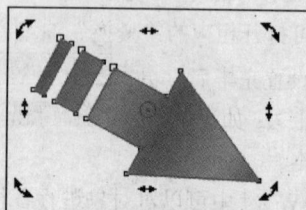

也可先改变旋转中心的位置，然后再旋转对象，这就会使对象围绕新的旋转中心进行旋转，如图

4.3.5 所示。

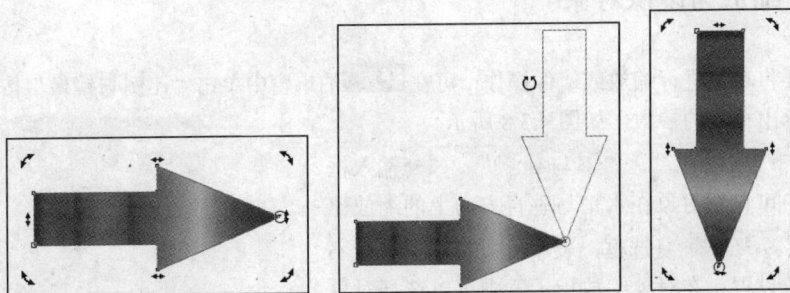

图 4.3.5　调整旋转中心位置后再旋转对象

### 2. 使用"变换"泊坞窗旋转对象

在页面中选择所要旋转的对象，然后选择 排列(A) → 变换(F) → 旋转(R) Alt+F8 命令，打开 变换 泊坞窗，如图 4.3.6 所示。

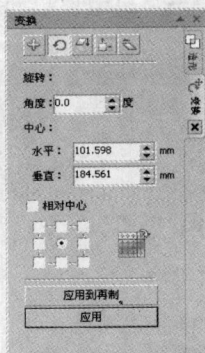

图 4.3.6　"变换"泊坞窗中的旋转选项

在 角度:0.0 度 微调框中输入数值，可设置所选对象的旋转角度；在 水平: 101.598 mm 与 垂直: 184.561 mm 微调框中输入数值，可设置对象的旋转中心；选中 ☑ 相对中心 复选框，可在下方的指示器中选择旋转中心的相对位置。

设置好参数后，单击 应用 按钮，即可按所设置的值旋转对象，如图 4.3.7 所示。

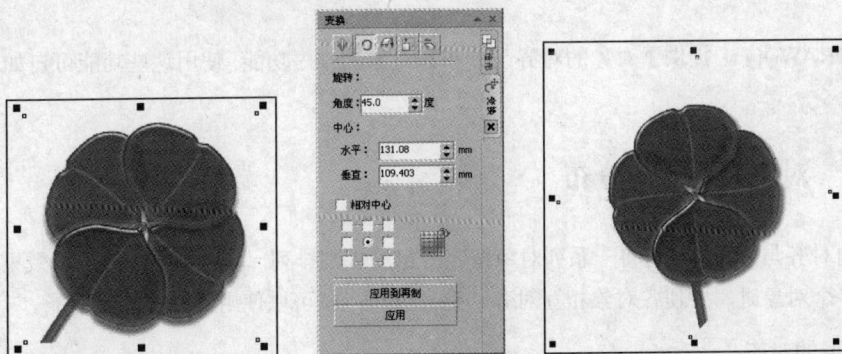

图 4.3.7　旋转对象

如果单击 应用到再制 按钮，系统将在保留原对象的状态下，再复制出一个对象，并将所做的设置应用于复制的对象。

### 4.3.3 缩放与镜像对象

如果需要将对象进行缩放或镜像操作，可在 变换 泊坞窗中单击"比例与镜像"按钮 ，可在此泊坞窗中显示出相应的参数，如图 4.3.8 所示。

在 比例: 下方的 H: 100.0 %与 V: 100.0 %输入框中输入数值，可设置对象在水平与垂直方向上的缩放比例；若选中 ✔ 不按比例 复选框，表示可以将对象进行不成比例的缩放设置；在对象缩放指示器中可以选择对象缩放的方向。

在 镜像: 下方单击"水平镜像"按钮 ，可将所选对象进行水平镜像；单击"垂直镜像"按钮 ，可将所选对象进行垂直镜像。

设置好参数后，单击 应用 按钮，即可缩放与镜像所选对象，如图 4.3.9 所示。

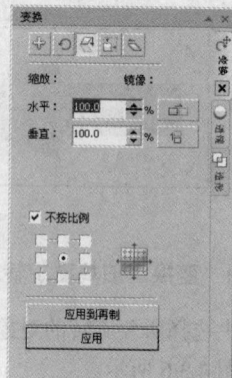

图 4.3.8 "变换"泊坞窗中的比例与镜像选项

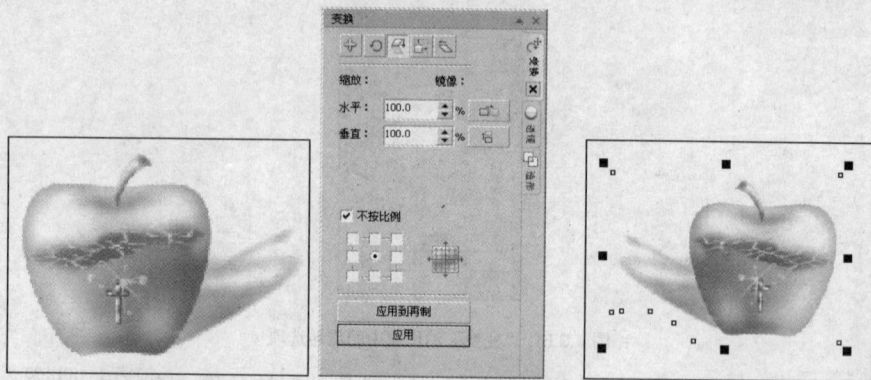

图 4.3.9 缩放与镜像对象

## 4.4 对象的排序

CorelDRAW X4 中提供了对象的对齐与分布和对象的排序功能，使用这些功能可自如地对对象进行排序。

### 4.4.1 对象的对齐与分布

对象的对齐与分布，就是将一系列对象按照一定的规则排列，以达到更好的视觉效果。当绘图页面中包含多个对象时，要使各对象相互对齐、整齐分布，就可以使用对齐与分布功能。

#### 1. 图形的对齐

选择菜单栏中的 排列(A) → 对齐和分布(A) → 对齐和分布(A)… 命令，或在属性栏中单击"对齐和分布"按钮 ，弹出 对齐与分布 对话框，如图 4.4.1 所示。

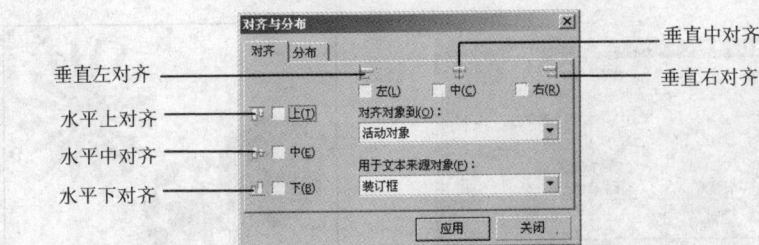

图 4.4.1　"对齐与分布"对话框

在此对话框中，可以选择的对齐方式在水平方向有 ☑左(L)、☑中(C)和☑右(R)，在垂直方向有 ☑上(T)、☑中(C)和☑下(B)。水平对齐方式与垂直对齐方式既可配合使用，也可单独使用。

☑左(L)：选中该复选框，垂直左对齐，使对象的左边缘处于同一垂直线上。

☑中(C)：选中该复选框，垂直中对齐，使对象的中心处于同一条垂直线上。

☑右(R)：选中该复选框，垂直右对齐，使对象的右边缘处于同一条垂直线上。

☑上(T)：选中该复选框，水平上对齐，使所选对象的顶端处于同一水平线上。

☑中(C)：选中该复选框，水平中对齐，使所选对象的中心处于同一水平线上。

☑下(B)：选中该复选框，水平下对齐，使所选对象的底部处于同一水平线上。

在 对齐与分布 对话框中的 对齐对象到(O)：下拉列表中可选择一种对象对齐的参照标准，包括激活对象、页边缘、页中心、网格和指定点。

**2. 图形的分布**

分布功能主要用于控制多个图形对象之间的距离，图形对象可以根据所做的设置均匀分布在绘图页面范围或选定的范围内。

要分布对象，其具体的操作方法如下：

（1）单击工具箱中的"挑选工具"按钮 ↖，在绘图区中选择需要对齐的两个或多个对象，如图4.4.2 所示。

（2）选择菜单栏中的 排列(A) ➞ 对齐和分布(A) ➞ 对齐和分布(A)… 命令，弹出 对齐与分布 对话框，选择 分布 选项卡，如图 4.4.3 所示。

图 4.4.2　选择对象

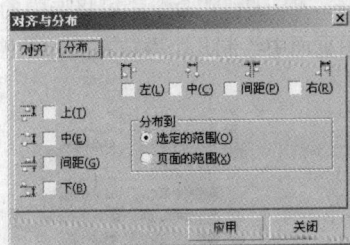

图 4.4.3　"分布"选项卡

（3）设置对象在水平或垂直方向上的分布方式，其中，水平分布方式分为左、中、间距与右 4种，垂直分布方式分为上、中、间距和底部 4 种。

（4）在 分布到 选项区中可以选择一种对象的分布范围，即选定的范围或页面范围。

（5）设置完毕后，单击 应用 按钮，可设置所选对象的垂直间距相等，如图 4.4.4 所示。

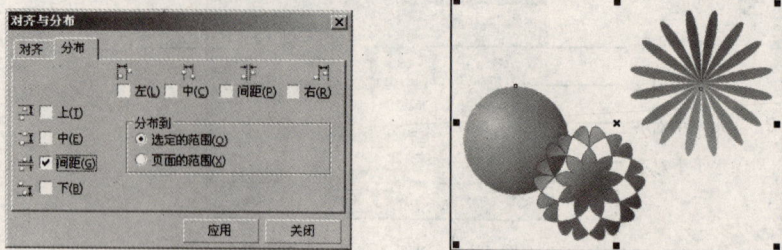

图 4.4.4　分布对象

在实际绘图过程中，对象的对齐与分布经常是同时进行的，此时就需要在 **对齐与分布** 对话框中同时对对象进行对齐与分布设置。

### 4.4.2　调整对象的顺序

在 CorelDRAW X4 中绘制的图形对象都存在着重叠关系，如在绘图区中的同一位置先后绘制两个不同的图形对象，最后绘制的对象将在最上层，而最先绘制的对象将在最底层。

使用顺序功能可以安排多个图形对象的前后顺序，也可以通过图层来调整对象的叠放顺序。

#### 1. 使用菜单调整图形对象的顺序

选择菜单栏中的 **排列(A)** → **顺序(O)** 命令，弹出其子菜单，如图 4.4.5 所示，从中选择相应的命令可以轻松地调整对象的叠放顺序。改变对象的顺序就是将对象上移一层、下移一层或移到最顶层或最底层。

选择 **到页面前面(F)** 命令，可将选中的图形对象放置于绘图页面中所有对象的最前面。

选择 **到页面后面(B)** 命令，可将选中的图形对象放置于绘图页面中所有对象的最后面。

选择 **向前一层(O)** 命令，可将选中的图形对象向前移动一层。

选择 **向后一层(N)** 命令，可将选中的图形对象向后移动一层。

选择 **置于此对象前(I)** 命令，可将选中的图形对象置于指定对象的前面。

选择 **置于此对象后(E)** 命令，可将选中的图形对象置于指定对象的后面。

选择 **反转顺序(R)** 命令，可将选中的图形对象按相反的顺序排序。

在绘图页面中绘制几个叠放在一起的图形对象，如图 4.4.6 所示。

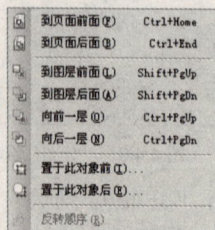

图 4.4.5　顺序子菜单

图 4.4.6　绘制叠放的图形对象

使用挑选工具选中绘图页面中的圆形对象，然后选择菜单栏中的 **排列(A)** → **顺序(O)** → **到页面前面(F)** 命令，此时，圆形对象将被排放到最前面，如图 4.4.7 所示。

图 4.4.7 将选中的图形排列到前面

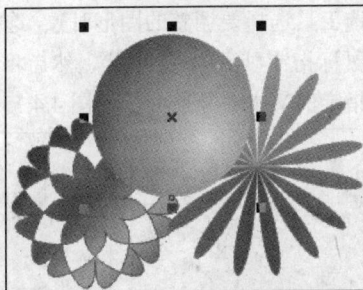

使用挑选工具在绘图页面中选择圆形对象，如图 4.4.8 所示，然后选择菜单栏中的 排列(A) → 顺序(O) → 到页面后面(B) 命令，此时，圆形对象将被排放到最后面，如图 4.4.9 所示。

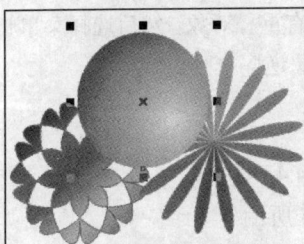

图 4.4.8 选择圆形对象

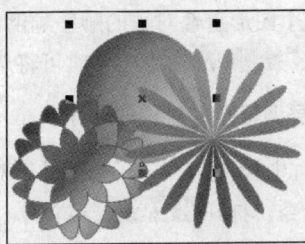

图 4.4.9 将圆形对象排列到最后面

保持如图 4.4.9 所示圆形对象的选中状态，选择菜单栏中的 排列(A) → 顺序(O) → 向前一层(O) 命令，此时圆对象被移到空心花形图形的前面，如图 4.4.10 所示。

保持如图 4.4.10 所示圆对象的选中状态，选择菜单栏中的 排列(A) → 顺序(O) → 向后一层(N) 命令，此时圆对象被移到空心花形图形的前面，如图 4.4.11 所示。

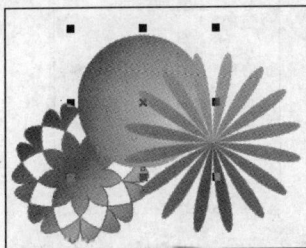

图 4.4.10 将选中的对象向前放置一位

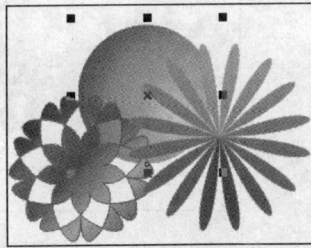

图 4.4.11 将选中的对象向前放置一位

使用挑选工具选择要调整的图形对象，选择菜单栏中的 排列(A) → 顺序(O) → 置于此对象前(I) 命令，此时，鼠标指针显示为 形状，然后将 移到文本对象上并单击鼠标，即可将要调整的图形对象排放在指定的花形对象前面，如图 4.4.12 所示。

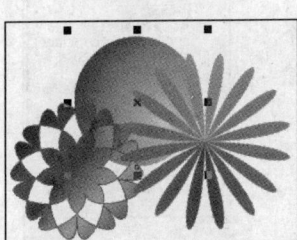

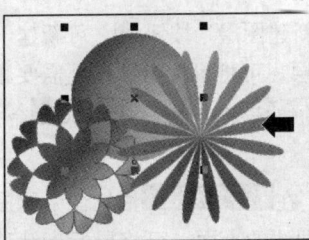

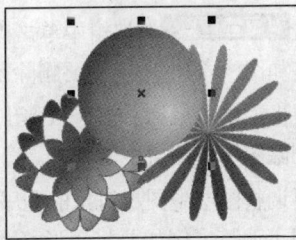

图 4.4.12 将选中的对象排列在指定的对象之前

使用挑选工具选择要调整的图形对象,选择菜单栏中的 排列(A) → 顺序(O) → 🔲 置于此对象后(E) 命令,此时,鼠标指针显示为 ➡ 形状,然后将 ➡ 移到文本对象上并单击鼠标,即可将要调整的图形对象排放在指定的文本对象前面,如图 4.4.13 所示。

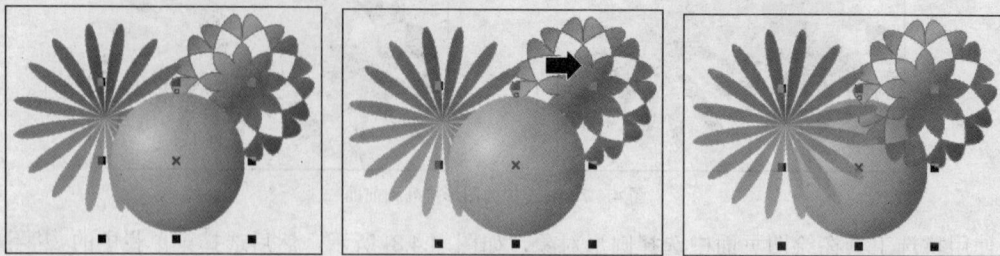

图 4.4.13　将选中的对象排列在指定的对象之前

如果要将多个图形重叠对象的顺序颠倒,可先选中所有重叠对象,然后选择菜单栏中的 排列(A) → 顺序(O) → 🔄 反转顺序(R) 命令,此时可将选中的全部对象逆序排列。

### 2. 使用图层调整图形对象的顺序

在绘图页面中绘制几个不同的图形对象,如图 4.4.14 所示,选择菜单栏中的 工具(O) → 对象管理器(N) 命令,打开 对象管理器 泊坞窗,如图 4.4.15 所示。

在此泊坞窗中可看到,所绘制的图形对象都显示在一个图层中,即图层 1 中,同时还可看出所有图形对象的状态和属性。

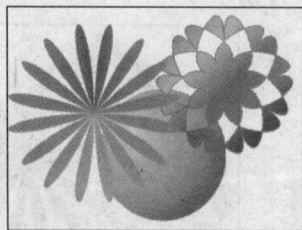

图 4.4.14　绘制的图形对象

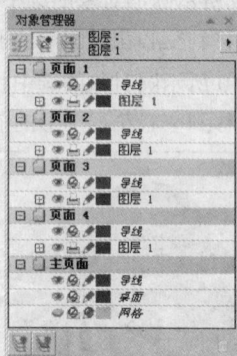

图 4.4.15　"对象管理器"泊坞窗

在 对象管理器 泊坞窗中,👁🖨🖊■ 图标是用于管理图层的控制开关,单击图标就可以使用其功能。👁 图标可用于显示或隐藏图层;🖨 图标用于打印或禁止打印图层内容;🖊 图标用于编辑或禁止编辑图层;■ 图标可用于设置图层中图形的颜色。

在 对象管理器 泊坞窗中单击"新建图层"按钮 ,可新建一个图层,如图 4.4.16 所示。要删除图层,可将鼠标指针移至需要删除的图层上,单击鼠标右键,从弹出的快捷菜单中选择 删除(D) 命令,即可删除图层及图层中的内容。

要调整图层中图形对象的顺序,在 对象管理器 泊坞窗中用鼠标拖曳即可调整,例如要将矩形移至曲线的上面,可将鼠标指针移至矩形上,按住鼠标左键并拖动,至曲线对象上松开鼠标,矩形对象

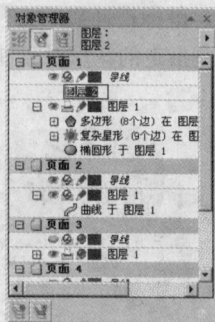

图 4.4.16　新建图层

将被移动到曲线对象的上面，如图 4.4.17 所示。

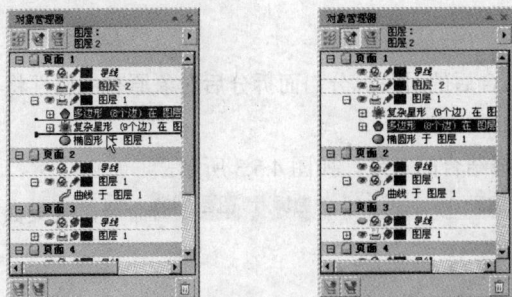

图 4.4.17　调整图形对象的顺序

# 4.5　对象的结合与群组

在 CorelDRAW X4 中，可以将多个相互独立的对象结合或群组，形成一个整体的对象。结合的对象将成为一个整体，得到一个全新的对象，不再具有原有的属性；而群组对象内每个对象依然相对独立，保留其原有的属性，如形状、颜色等。

## 4.5.1　对象的结合

结合命令可以将多个路径合并为一个路径，如果两个或多个对象之间有重叠的区域，则重叠区域将变成镂空。

要结合对象，首先选择多个对象，然后选择菜单栏中的 排列(A) → 结合(C) 命令，或单击属性栏中的"结合"按钮，则最后生成的对象将会保留所选对象中位于最下层的对象的内部填色、轮廓色、轮廓线粗细等属性，如图 4.5.1 所示。

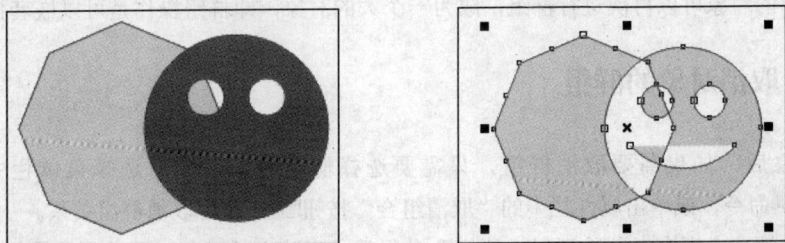

图 4.5.1　结合对象

如果线条与封闭对象结合，则线条将成为封闭对象的一部分，也就是具有与封闭对象相同的属性，如图 4.5.2 所示。

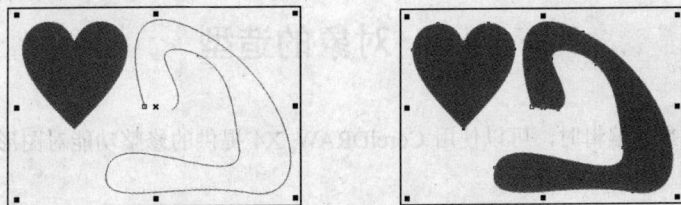

图 4.5.2　结合线条与封闭对象

### 4.5.2　拆分对象

使用拆分功能可以将结合后的对象拆分，而拆分后对象原有的属性将会丢失。

拆分对象的具体操作如下：

（1）使用挑选工具选择结合的对象，如图 4.5.3 所示。

（2）选择菜单栏中的 排列(A) → 拆分 曲线 于 图层 1(B) 命令，效果如图 4.5.4 所示。

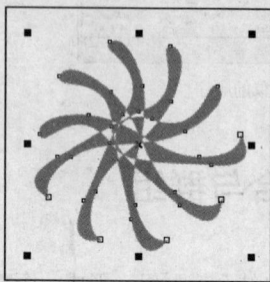

图 4.5.3　选择结合的对象　　　　　　　　图 4.5.4　拆分对象

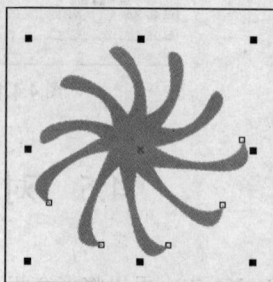

### 4.5.3　群组对象

群组就是将多个对象或一个对象的各部分组合成为一个整体。群组后的对象可以像单个对象一样进行移动、旋转或缩放等操作。

如果要群组对象，首先应选择多个对象，然后选择菜单栏中的 排列(A) → 群组(G) 命令，或单击属性栏中的"群组"按钮 ，即可将所选的多个对象或一个对象的各个部分群组为一个整体。

如果要选择一个群组中的某个对象，只需在按住"Ctrl"键的同时使用鼠标单击所要选择的对象即可，此时，对象周围的控制点将变成小圆点，用鼠标拖动小圆点可缩放该对象。

多个群组的对象可以再次进行群组，成为一个大的对象，即群组操作是可以嵌套执行的。

### 4.5.4　取消对象的群组

群组对象后，如果需要取消群组，只需要选择群组对象，然后选择菜单栏中的 排列(A) → 取消群组(U) 命令，或单击属性栏中的"取消组合"按钮 ，即可取消群组关系。

如果要取消一个嵌套对象的群组，使每个对象都成为独立的对象，可选择菜单栏中的 排列(A) → 取消全部群组(N) 命令，或单击属性栏中的"取消全部组合"按钮 ，即可将多层群组一次性全部解散。

## 4.6　对象的造型

在进行图形对象的编辑时，可以使用 CorelDRAW X4 提供的修整功能对图形对象进行焊接、修剪和相交等操作。

对对象应用修整功能，可通过选择菜单栏中的 排列(A) → 造形(F) 命令，从弹出的子菜单中选择相应的命令来完成，也可以通过 造形 泊坞窗来完成。

选择菜单栏中的 排列(A) → 造形(P) → 造形(P) 命令，打开 造形 泊坞窗，在 焊接 ▾ 下拉列表中提供了与修整子菜单中的命令相对应的 6 个功能选项，如图 4.6.1 所示。

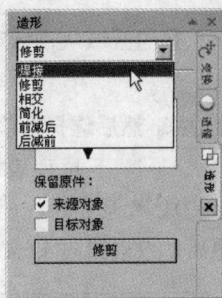

图 4.6.1 修整泊坞窗

在此泊坞窗中选中 ☑ 来源对象 与 ☑ 目标对象 复选框，可确定在修整图形后保留哪些原对象。

## 4.6.1 对象的焊接

使用焊接命令可以将两个或多个对象结合在一起，从而创建一个独立的对象。如果焊接的是重叠的对象，它们会结合在一起，成为拥有一个轮廓的对象；如果不是重叠对象，它们会形成一个焊接群组。焊接的操作方法如下：

（1）使用挑选工具选择要进行焊接的对象，然后选择菜单栏中的 排列(A) → 造形(P) → 造形(P) 命令，可打开 造形 泊坞窗，在 焊接 ▾ 下拉列表中选择 焊接 选项，如图 4.6.2 所示。

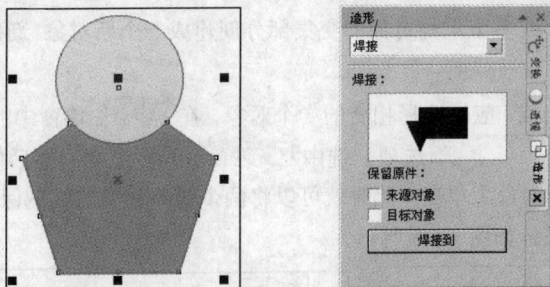

图 4.6.2 "修整"泊坞窗中的焊接选项

（2）在此泊坞窗中选中 ☑ 来源对象 复选框，可保留一个选择对象的拷贝；选中 ☑ 目标对象 复选框，可保留一个目标对象的拷贝。

（3）单击 焊接到 按钮，此时，鼠标指针显示为 形状，单击目标对象，即可将所选的对象焊接到目标对象中，从而成为一个整体对象，如图 4.6.3 所示。

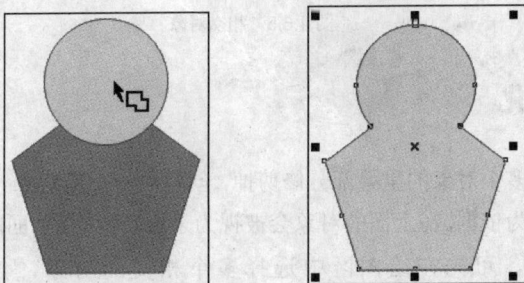

图 4.6.3 焊接对象

### 4.6.2　对象的修剪

修剪命令用于将目标对象与其他对象重叠的区域从目标对象中修剪掉,而目标对象仍然会保留其填充与轮廓属性。

要修剪对象,可先选中要修剪的所有对象,然后选择菜单栏中的 排列(A) → 造形 (P) → 造形 (P) 命令,可打开 造形 泊坞窗,在 焊接 下拉列表中选择 修剪 选项,单击 修剪 按钮,此时,鼠标指针变成 形状,在要修剪的目标对象上单击即可,为了查看修剪后的效果,可将对象稍微移动一些距离,效果如图 4.6.4 所示。

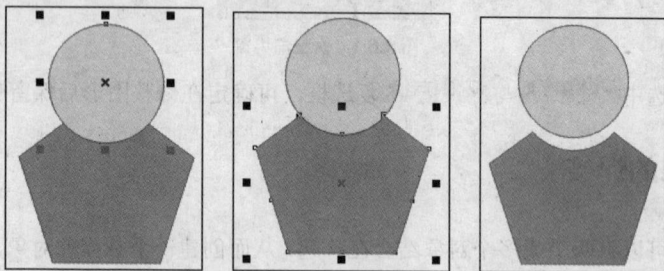

图 4.6.4　修剪对象

### 4.6.3　对象的相交

相交命令可以将两个或多个重叠对象的交集部分创建成一个新对象。新对象的属性取决于目标对象的属性。

要为对象使用相交功能,应先选择相交的一个对象,在 造形 泊坞窗中的 焊接 下拉列表中选择 相交 选项,选中 ☑ 来源对象 复选框,然后单击 相交 按钮,将鼠标指针移至目标对象上单击,此时就可以将两个对象相交的区域保留,并保留源对象,拖动图形可看见相交后的效果,如图 4.6.5 所示。

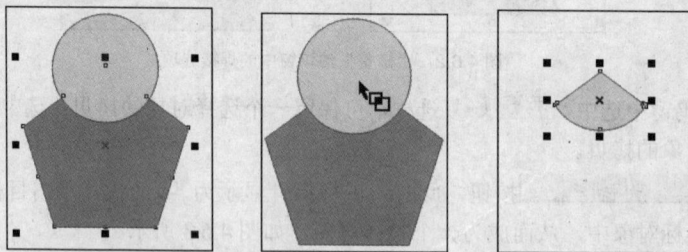

图 4.6.5　相交对象

### 4.6.4　对象的简化

简化命令可将两个或多个对象的重叠部分修剪掉,创建成一个新对象。该对象的填充和轮廓属性以指定的目标对象的属性为依据。在上面的对象会被视为来源对象,在下面的对象会被视为目标对象。

要对对象进行简化,可先在绘图区中选择多个相交的对象,然后在 造形 泊坞窗中的 焊接 下拉列表中选择 简化 选项,单击 应用 按钮,会发现多个对象好像没有发生什么变化，这时可使用挑选工具将各个对象移动一定距离，就可看出简化后的效果，如图 4.6.6 所示。

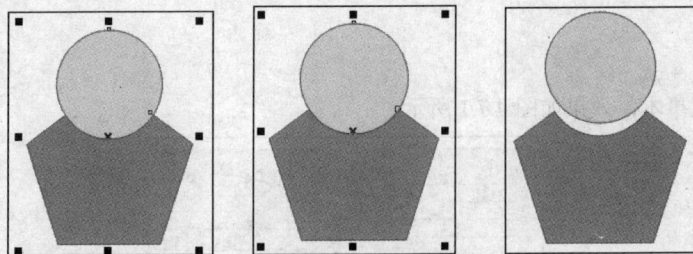

图 4.6.6　简化对象

## 4.6.5　对象前减后

前减后命令可以用前面的对象减去后面对象，并减去前后对象的重叠部分，保留前面对象。

选择两个需要相减的对象，然后在 造形 泊坞窗中的 焊接 下拉列表中选择 前减后 选项，单击 应用 按钮，即可使前面的对象减去后面对象，并减去它们的重叠部分，如图 4.6.7 所示。

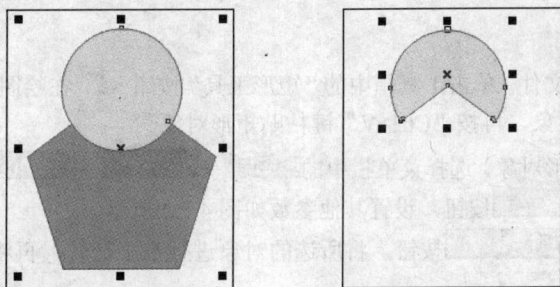

图 4.6.7　前减后效果

## 4.6.6　对象后减前

后减前命令可以使后面对象减去前面对象，并减去前后对象的重叠部分，保留后面对象。

选择需要相减的两个对象，在 造形 泊坞窗中的 焊接 下拉列表中选择 后减前 选项，然后单击 应用 按钮即可，如图 4.6.8 所示。

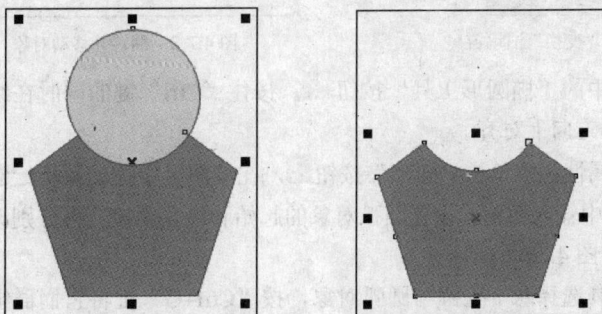

图 4.6.8　后减前效果

# 4.7　应用实例——绘制记事本

### 1．创作目的

本例将制作记事本，效果如图 4.7.1 所示。

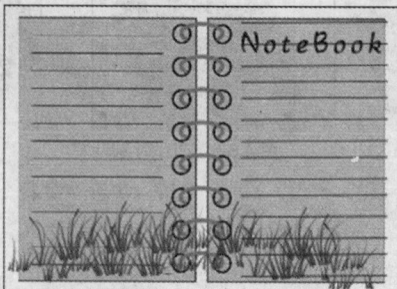

图 4.7.1　记事本的效果图

### 2．创作要点

掌握对象的变换和造形操作，巩固线条和基本图形的绘制与编辑，练习填充工具的使用。

### 3．创作步骤

（1）新建一个图形文件，单击工具箱中的"矩形工具"按钮 ▢，在绘图区中创建一个矩形对象，按"Ctrl+C"键复制该对象，再按"Ctrl+V"键粘贴矩形对象。

（2）选择粘贴的矩形对象，选择菜单栏中的 排列(A) → 变换(F) → 比例(S) 命令，可打开 变换 泊坞窗，在 镜像: 下方单击 ▭ 按钮，设置其他参数如图 4.7.2 所示。

（3）单击 应用 按钮，将所选的对象进行水平翻转，再将翻转后的对象向右移动一段距离，如图 4.7.3 所示。

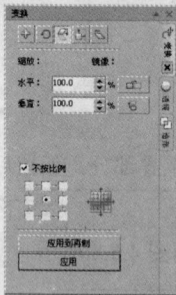

图 4.7.2　"变换"泊坞窗

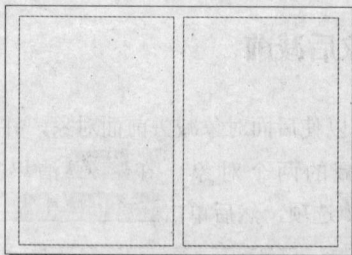

图 4.7.3　翻转并移动对象

（4）单击工具箱中的"椭圆形工具"按钮 ◯，按住"Ctrl"键的同时在绘图区中绘制两个相等的正圆对象，并在水平方向上对齐。

（5）在椭圆工具属性栏中单击"弧形"按钮 ◠，在绘图区中拖动鼠标绘制弧形，并在起始与终止角度输入框 346.07 195.34 中输入数值，设置圆弧对象的起始和终止角度，再分别改变两个正圆与圆弧对象的轮廓属性，效果如图 4.7.4 所示。

（6）使用挑选工具选择两个正圆与圆弧对象，按"Ctrl+G"键将它们群组在一起，然后选择菜单栏中的 排列(A) → 变换(F) → 位置(P) 命令，可打开 变换 泊坞窗，设置参数如图 4.7.5 所示。

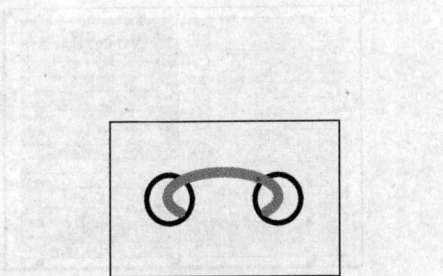

图 4.7.4　绘制圆形与圆弧对象并改变其轮廓线

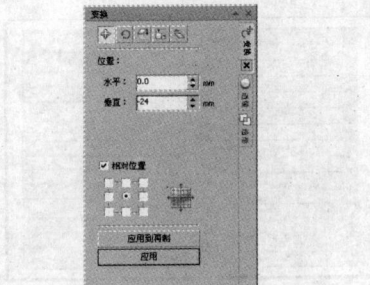

图 4.7.5　"变换"泊坞窗

（7）单击 应用到再制 按钮多次，可按所设置的参数复制对象，如图 4.7.6 所示。

（8）选择绘图区中的两个矩形对象，为其填充纹理效果，如图 4.7.7 所示。

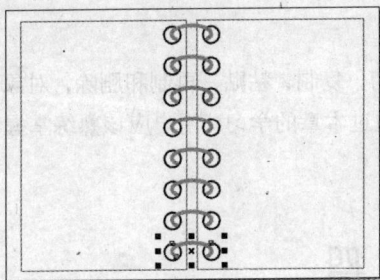

图 4.7.6　复制并排放对象位置

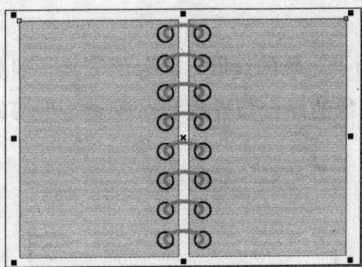

图 4.7.7　填充矩形对象

（9）单击工具箱中的"手绘工具"按钮，在矩形对象上绘制直线，并将其复制多个，效果如图 4.7.8 所示。

（10）选择绘图区中的所有直线，选择菜单栏中的 排列(A) → 对齐和分布(A) → 对齐和分布(A) 命令，弹出 对齐与分布 对话框，在 对齐 选项卡中的水平方向上选中 ☑ 左(L) 复选框；选择 分布 选项卡，并在垂直方向上选中 ☑ 间距(G) 复选框，然后单击 应用 按钮，即可使所有直线有规则地进行排列，如图 4.7.9 所示。

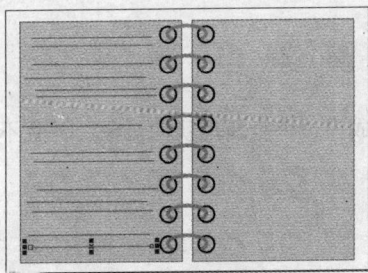

图 4.7.8　绘制直线并复制

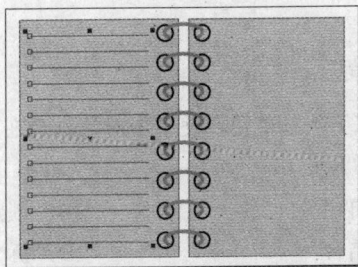

图 4.7.9　对齐与分布直线

（11）将所有直线群组在一起，进行复制，并将复制的对象移至右边的矩形对象中，然后选中两边矩形对象顶部的直线对象，将其轮廓线宽度设置为 1.3 mm。

（12）单击工具箱中的"文本工具"按钮，输入文本"NoteBook"，设置字体为"经典舒同体简"，字号为"51.797"，效果如图 4.7.10 所示。

（13）单击工具箱中的"艺术笔工具"按钮，设置好其属性，在绘图区绘制图形，效果如图 4.7.11 所示。

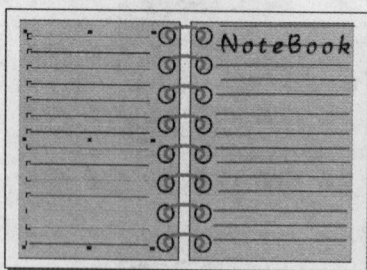

图 4.7.10　复制图形　　　　　　　　　　图 4.7.11　绘制的结果

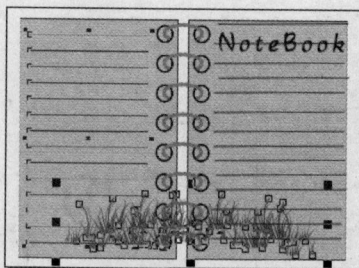

# 本 章 小 结

本章介绍了对象的选取，对象的变换，对象的剪切、复制、粘贴、再制和删除，对象的变换，对象的排序，对象的结合与群组和对象的造型等知识。通过本章的学习，用户应该熟练掌握各种对象操作的方法。

# 习 题 四

**一、填空题**

1. 普通选取是指简单地选取对象，包括对象的＿＿＿＿＿选取、＿＿＿＿＿或＿＿＿＿＿选取对象、＿＿＿＿＿对象。

2. 对象的剪切和复制是指将对象＿＿＿＿＿到剪贴板上的过程，而对象的粘贴是将剪贴板上的对象＿＿＿＿＿到 CorelDRAW 绘图页中的过程。

3. 特殊选取是指选取重叠的对象或多层次的对象，包括使用＿＿＿＿＿键和使用＿＿＿＿＿键选取对象。

**二、选择题**

1. 使用（　　）功能可以使多个对象融合在一起，成为一个全新形状的对象，并且不再具有原有对象的属性。

　　A. 群组　　　　　　　　　　B. 锁定

　　C. 结合　　　　　　　　　　D. 拆分

2. 使用（　　）功能可以将两个或多个重叠对象的交集部分创建成一个新的对象。

　　A. 交叉　　　　　　　　　　B. 简化

　　C. 修剪　　　　　　　　　　D. 焊接

**三、上机操作题**

1. 使用椭圆工具绘制一个椭圆，并对其进行旋转复制。

2. 创建两个或多个对象，并练习使用对齐与分布功能将其有序的排列。

# 第 5 章 交互式工具的应用

**【学习目标】**

为了最大限度地满足用户的创作需求，CorelDRAW X4 提供了许多用于为对象添加特殊效果的交互式工具。交互式工具集中在工具箱中的两个工具组中：交互式调和工具组和交互式填充工具组。本章将重点对这两个工具组进行介绍。

**【学习要点】**

★ 交互式工具组

★ 交互式填充

## 5.1 交互式工具组

CorelDRAW X4 中提供了 7 种交互式工具,应用这些工具可以非常直观、方便地改变对象的外观,从而制作出各种图形效果。

### 5.1.1 交互式调和工具

使用交互式调和工具，可以在起始对象和结束对象之间创建一系列轮廓和填充的渐变过渡效果。

#### 1. 创建调和对象

要在图形之间制作交互式调和效果，其具体的操作方法如下：

（1）在绘图区中绘制一个矩形与一个椭圆对象，并对其进行填充。

（2）单击工具箱中的"交互式调和工具"按钮，将鼠标指针移至矩形对象上，按住鼠标左键并拖动至椭圆上，松开鼠标，即可将两个对象直接调和，效果如图 5.1.1 所示。

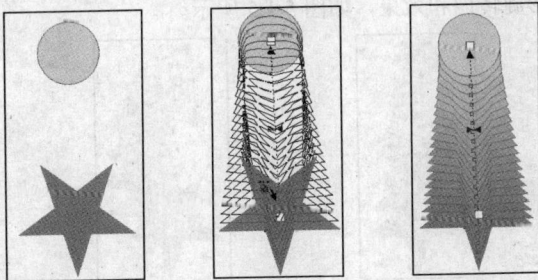

图 5.1.1 直接调和效果

#### 2. 调和效果的编辑

创建了调和效果后，可以通过交互式调和工具属性栏对调和对象进行设置，交互式调和工具属性栏如图 5.1.2 所示，通过调整属性栏中的参数，可以对调和步数、调和方向，以及调和形状之间的偏移量等进行设置。

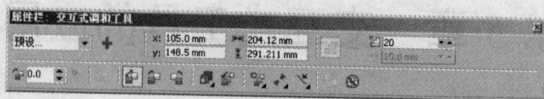

图 5.1.2　交互式调和工具属性栏

　　在属性栏中的步数微调框 [　　5　　] 中输入数值，可设置调和对象之间的中间图形数量，步数值越大，中间的对象就越多，如图 5.1.3 所示。

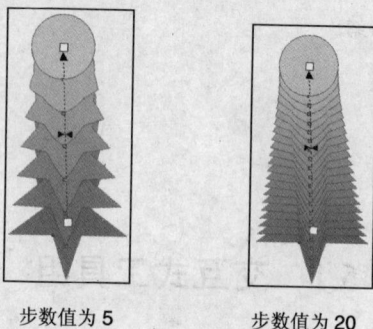

步数值为 5　　　　　　步数值为 20

图 5.1.3　不同的步数值产生的调和效果

　　在调和方向微调框 [　0.0　] 中输入数值，可设置中间生成图形在调和过程中的旋转角度，如图 5.1.4 所示。

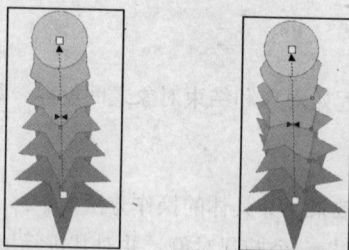

图 5.1.4　不同的调和方向产生的调和效果

　　设置调和方向后，可激活交互式调和工具属性栏中的"环绕调和"按钮 [图]，单击此按钮，可使调和对象中间生成一种弧形旋转调和效果，如图 5.1.5 所示。

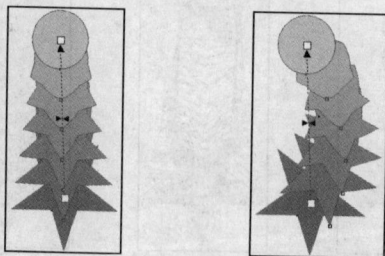

图 5.1.5　环绕调和效果

　　属性栏中提供了 3 种类型的交互式调和顺序，即直接调和、顺时针调和和逆时针调和，使用不同的类型，可使调和过程中的图形色彩产生不同的变化。

　　如果要将调和对象沿一条指定的路径调和，可在属性栏中单击"路径属性"按钮 [图]，从弹出的下拉菜单中选择 新建路径 命令，此时，鼠标指针显示为 形状，将其移至路径上单击，即可将调和效果应用于指定的路径，如图 5.1.6 所示。

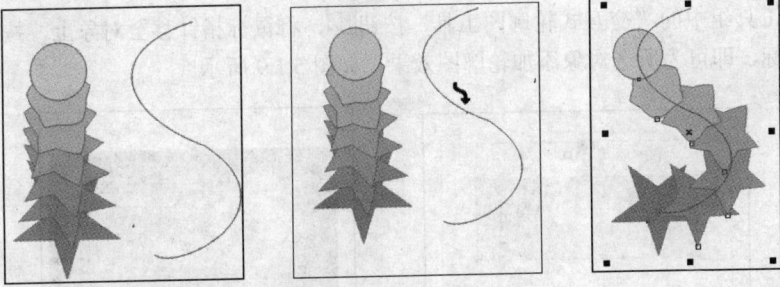

图 5.1.6 沿指定路径调和

在交互式调和工具属性栏中单击 [预设... ▼] 下拉列表框，从弹出的下拉列表中选择预设的调和样式，如图 5.1.7 所示。

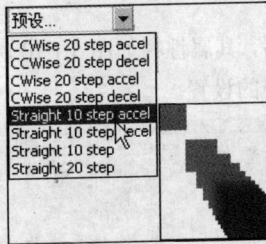

图 5.1.7 预设的调和样式下拉列表

如果要将一个调和效果应用于其他调和对象上，只需选中要复制属性的调和对象，再单击属性栏中的"复制调和属性"按钮 🔲，将鼠标指针移至需要应用的调和对象上并单击，即可将该调和属性应用到所选的调和对象上。

创建调和效果后，也可对创建了调和效果的对象进行拆分，拆分就是将复合调和的对象分离为多个直接调和。其方法是：使用挑选工具在调和图形上单击鼠标右键，从弹出的快捷菜单中选择 [🔲 拆分 曲线 于 图层 1⑫] 命令，此时即可将调和中间的过渡对象分离，拖动中间对象，效果如图 5.1.8 所示。

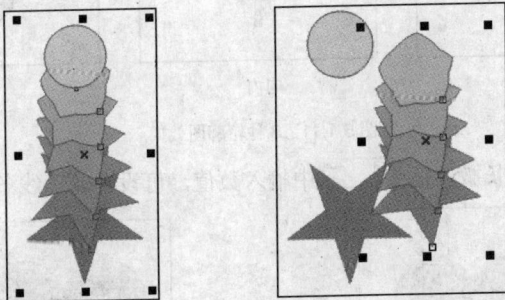

图 5.1.8 拆分调和效果

## 5.1.2 交互式轮廓图工具

交互式轮廓图工具可以为对象添加轮廓效果。此处所指的对象可以是封闭的，也可以是开放的曲线，还可以是美术字。

### 1．创建交互式轮廓图效果

单击调和工具组中的"交互式轮廓图工具"按钮，将鼠标指针移至对象上，按住鼠标左键并拖动，松开鼠标，即可为所选对象添加轮廓图效果，如图 5.1.9 所示。

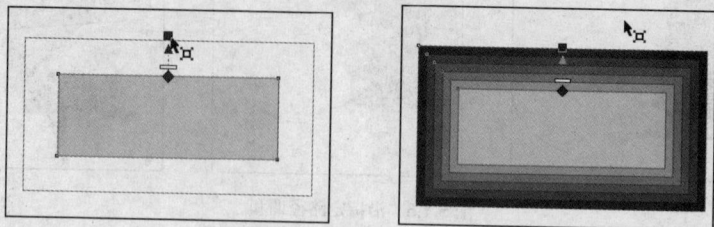

图 5.1.9　轮廓图效果

### 2．轮廓图效果的编辑

使用交互式轮廓图工具选择对象后，其属性栏如图 5.1.10 所示，利用该属性栏，可以对图形的轮廓线间距、颜色与增加方式等进行相应的设置。

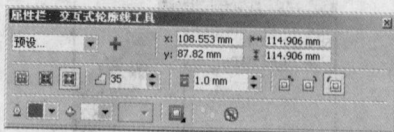

·图 5.1.10　交互式轮廓图工具属性栏

在属性栏中单击"到中心"按钮，可以制作向图形中心扩展的轮廓图效果；单击"向内"按钮，可以制作向图形内部扩展的轮廓图效果；单击"向外"按钮，可以制作向图形外部扩展的轮廓图效果，如图 5.1.11 所示。

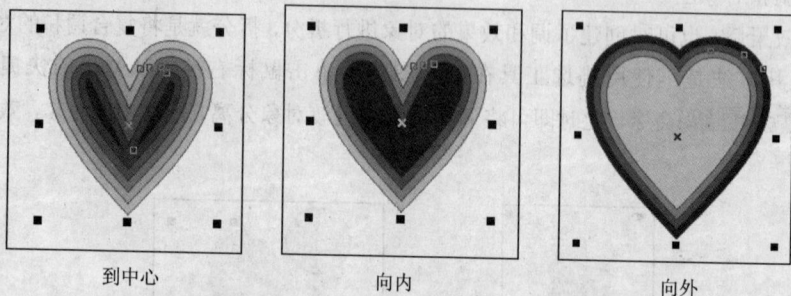

到中心　　　　　　　　向内　　　　　　　　向外

图 5.1.11　3 种轮廓图效果

在属性栏中的轮廓图步长微调框中输入数值，可设置轮廓线条数，如图 5.1.12 所示。

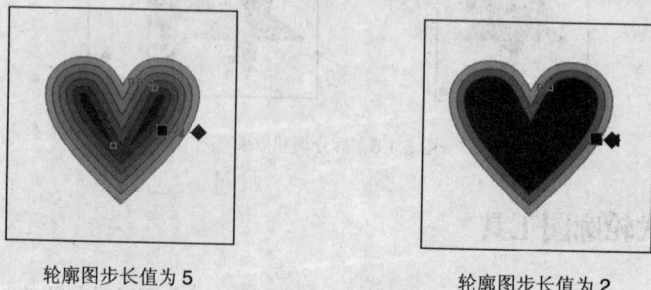

轮廓图步长值为 5　　　　　　　　轮廓图步长值为 2

图 5.1.12　改变轮廓图的步长

在轮廓图偏移微调框 <img>2.54 mm</img> 中输入数值，可设置轮廓线之间的距离，如图 5.1.13 所示。

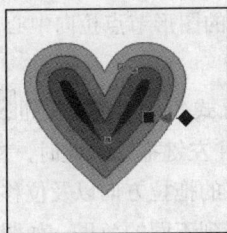

轮廓图偏移值为 6　　　　　　　轮廓图偏移值为 3

图 5.1.13　改变轮廓线之间的距离

　　如果要对添加的轮廓线进行填充，可在属性栏中单击轮廓色下拉按钮 <img></img>，从打开的调色板中选择需要的颜色。如果要修改所创建的轮廓图对象的颜色，可在属性栏中单击填充色下拉按钮 <img></img>，从打开的调色板中选择所需的填充色即可。

　　属性栏中还提供了 3 种轮廓线填充的类型，单击"线性轮廓图颜色"按钮 <img></img>，可将轮廓线的颜色以直线轮廓填充；单击"顺时针轮廓颜色"按钮 <img></img>，轮廓线的颜色将以顺时针的方向进行填充；单击"逆时针的轮廓颜色"按钮 <img></img>，轮廓线的颜色将以逆时针的方向进行填充。

　　在属性栏中单击"对象和颜色加速"按钮 <img></img>，可打开加速面板，拖动相应的滑块可对轮廓图进行颜色加速设置。向左或向右拖动滑块，使轮廓图对象产生由外向内或由内向外的颜色渐变，如图 5.1.14 所示。

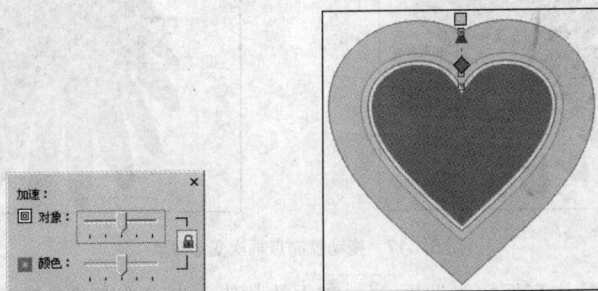

图 5.1.14　加速面板及变化后的效果

## 5.1.3　交互式变形工具

　　交互式变形工具可以快速改变对象的外观。使用该工具可以产生 3 种变形效果，即推拉变形、拉链变形和扭曲变形。

　　单击工具箱中的"交互式变形工具"按钮 <img></img>，其属性栏如图 5.1.15 所示。

图 5.1.15　交互式变形工具属性栏

　　单击"推拉变形"按钮 <img></img>，可对图形进行推拉变形。

　　单击"拉链变形"按钮 <img></img>，可使图形产生像拉链一样的锯齿形变形。

　　单击"扭曲变形"按钮 <img></img>，可在图形上拖动鼠标进行扭曲变形。

　　在推拉失真振幅微调框 <img>17</img> 中输入数值，可以很精确地调整变形的幅度。

**1．使用推拉变形**

推可以将变形时的图形节点推出中心，拉可以将变形时的图形节点拉向中心。运用推拉变形可以创作出各种对象变形效果。

在绘图区中选中要变形的对象，单击工具箱中的"交互式变形工具"按钮，并在属性栏中单击"推拉变形"按钮，将鼠标指针移至所选对象上，按住左键拖动，此时，鼠标指针所在位置产生一个菱形控制点，该图案就会随着起始点的位置、控制点的拖拉方向以及位移大小而变形。因此，鼠标拖拉的方向与位移的大小都会影响图案的变形情况，得到不同的效果，如图 5.1.16 所示。

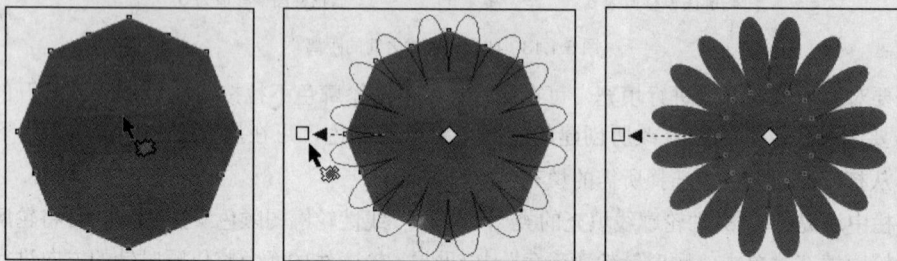

图 5.1.16　推拉变形

用鼠标拖动起始处与终点处的控制点，可以对变形后的图形进行再次变形，如图 5.1.17 所示。

图 5.1.17　拖动控制点再次变形对象

调整属性栏中的推拉失真振幅微调框中的数值，也可改变推拉变形的程度，如图 5.1.18 所示。

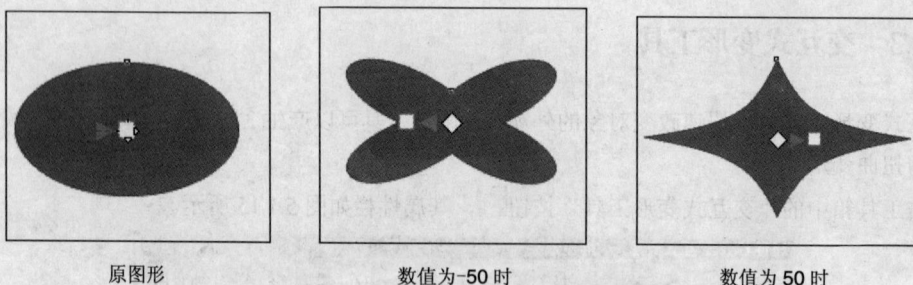

原图形　　　　　　　数值为-50时　　　　　　数值为50时

图 5.1.18　通过改变推拉失真振幅参数进行变形

在交互式变形工具属性栏中单击"添加新的变形"按钮，就可以在已经变形的图形上继续添加另一个变形效果。

单击属性栏中的"中心变形"按钮，可以将变形对象的起始点移到对象的中心，从而使对象的推拉变形从中心点开始，变为比较对称的图形，如图 5.1.19 所示。

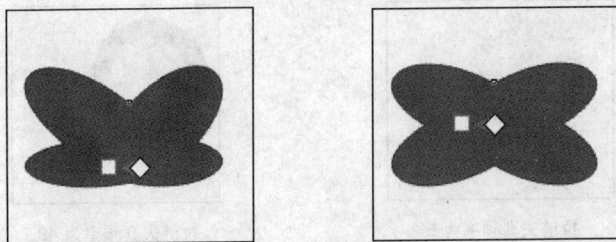

图 5.1.19　对称变形

单击属性栏中的"转换为曲线"按钮，可以通过调节外框上的节点来任意修改其变形效果。

如果要将一个推拉变形对象的属性应用到其他对象中，应先使用挑选工具选中要进行推拉变形的对象，然后单击"交互式变形工具"按钮，并在属性栏中单击"复制变形属性"按钮，此时，鼠标指针显示为 形状，移动鼠标指针到创建了推拉变形效果的对象上，并单击左键，即可将所单击对象的推拉变形属性应用于选中的对象中，如图 5.1.20 所示。

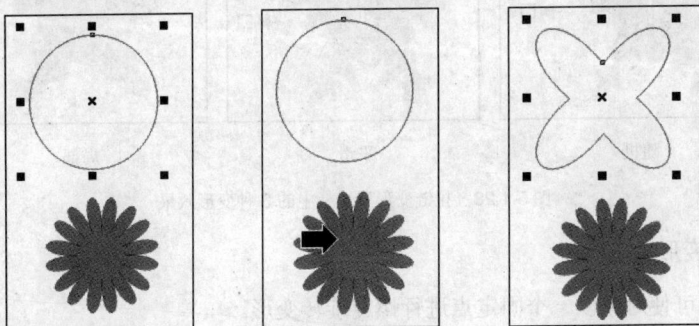

图 5.1.20　复制推拉变形属性

### 2．使用拉链变形

拉链变形功能可以方便地将对象的轮廓变成随机生成的节点和折线，从而产生锯齿效果。

当选择不同的变形工具时，其属性栏中会显示不同变形工具的选项参数。当选择拉链变形工具时，属性栏中的选项最多，除了最基本的控制拉链变形的振幅和频率之外，还可以设置平滑变形、局部变形以及随机变形等参数。

选中要使用拉链变形的对象，单击工具箱中的"交互式变形工具"按钮，并在属性栏中单击"拉链变形"按钮，在对象上按住鼠标左键并拖动，可创建拉链变形效果，如图 5.1.21 所示。

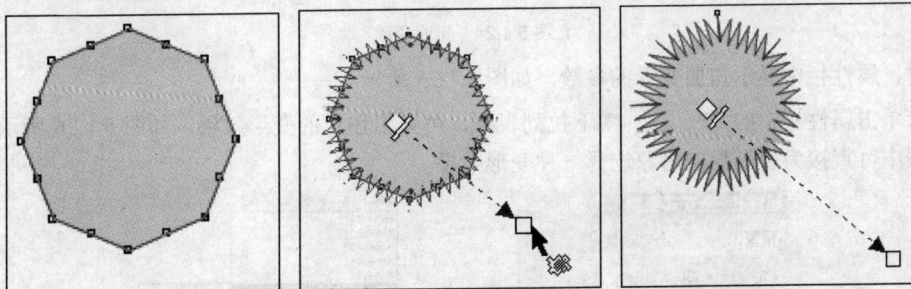

图 5.1.21　拉链变形效果

在属性栏中的拉链失真频率微调框 5 中输入数值，可对拉链变形所产生的波峰频率进行设置，如图 5.1.22 所示。

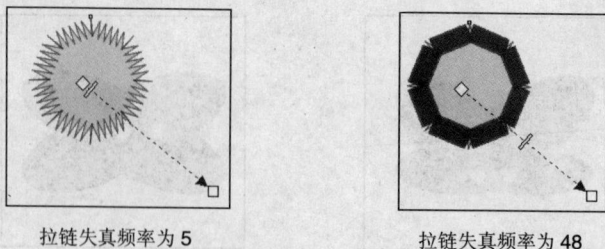

拉链失真频率为 5　　　　　　　拉链失真频率为 48

图 5.1.22　调整拉链变形对象的频率

拉链变形属性栏中还提供了 3 种变形按钮，即"随机变形"按钮 、"平滑变形"按钮 与"局部变形"按钮 ，分别单击这 3 种按钮，可使图形对象产生不同的变形效果，如图 5.1.23 所示。

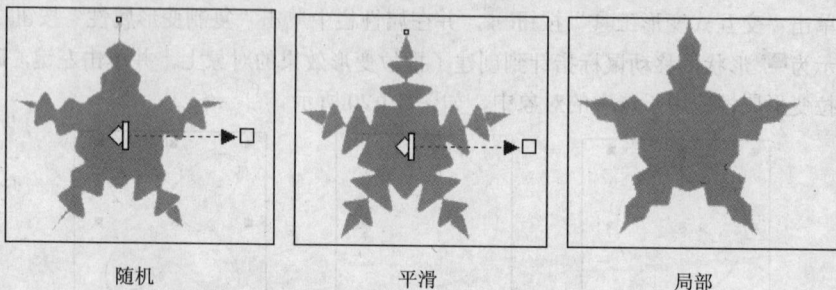

随机　　　　　　　　平滑　　　　　　　　局部

图 5.1.23　拉链变形属性栏中的 3 种变形效果

### 3．使用扭曲变形

扭曲变形功能可使对象以一个固定点进行螺旋旋转变形。

使用挑选工具选择需要扭曲变形的对象，在交互式变形工具属性栏中单击"扭曲变形"按钮 ，将鼠标指针移至图形上，按住鼠标左键并拖动，即可使图形按一定方向旋转，从而产生扭曲变形效果，如图 5.1.24 所示。

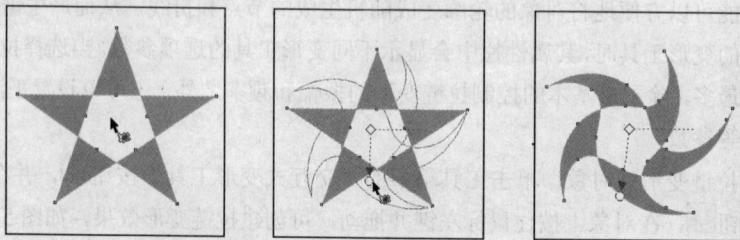

图 5.1.24　扭曲变形

此时，属性栏中显示扭曲变形的参数，如图 5.1.25 所示。

直接单击属性栏中的 预设... 下拉列表框，可弹出预设的变形效果，如图 5.1.26 所示。在此下拉列表中可直接为要变形的对象选择一种变形效果。

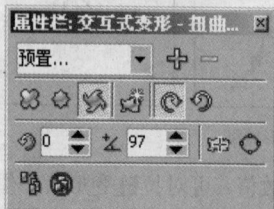

图 5.1.25　扭曲变形属性栏

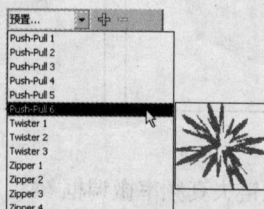

图 5.1.26　预置下拉列表

在属性栏中的完全旋转微调框 ⊿ 0 中输入数值,可设置所选扭曲对象的旋转圈数,如图 5.1.27 所示。

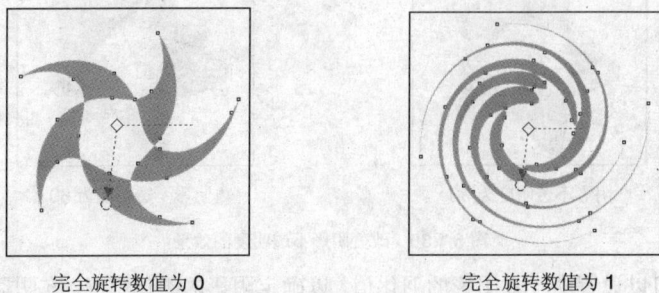

完全旋转数值为 0　　　　　　　　　　　　　　完全旋转数值为 1

图 5.1.27　设置完全旋转数值后的变形效果

在属性栏中的附加角度微调框 ◇ 90 中输入数值,可设置所选扭曲对象在原来旋转基础上旋转的角度。

在扭曲变形属性栏中单击"逆时针旋转"按钮 ↺,可以将对象逆时针旋转扭曲变形;单击"顺时针旋转"按钮 ↻,可以将对象顺时针旋转扭曲变形;单击"中心变形"按钮 ⊞,所选对象将以中心旋转扭曲变形。

如果需要将添加的变形效果清除,可先选择变形对象,然后在属性栏中单击"清除变形"按钮 ⊙ 即可。

## 5.1.4　交互式阴影工具

交互式阴影工具可以为对象添加逼真、柔和的阴影效果。交互式阴影效果能应用于文本和位图,而不能应用于调和物体、轮廓物体以及用斜角修饰过的对象。

### 1. 阴影效果的创建

单击工具箱中的"交互式阴影工具"按钮 ▣,将鼠标移至需要创建阴影的对象上,此时鼠标指针变为 ▸□ 形状,按住鼠标左键并拖动,即可创建交互式阴影效果,如图 5.1.28 所示。

### 2. 交互式阴影的编辑

为对象创建阴影效果后,将鼠标指针移至终点处的色块上,按住鼠标左键拖动,可调整阴影的角度,如图 5.1.29 所示。

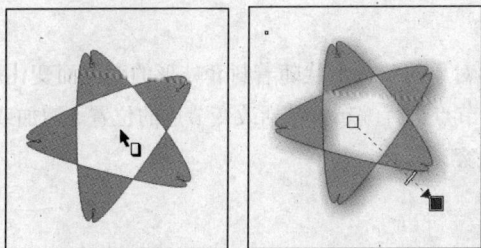

图 5.1.28　创建的交互式阴影效果　　　　　　　图 5.1.29　编辑阴影效果

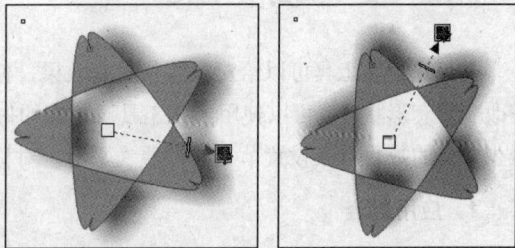

也可以通过交互式阴影工具属性栏调整阴影的不透明度。在交互式阴影工具属性栏的阴影的不透明度输入框 ⚲ 50 中输入数值,可设置下落式阴影的不透明度。其取值范围在 0～100 之间,数值越大,阴影的不透明度就越强,改变阴影不透明度的效果如图 5.1.30 所示。

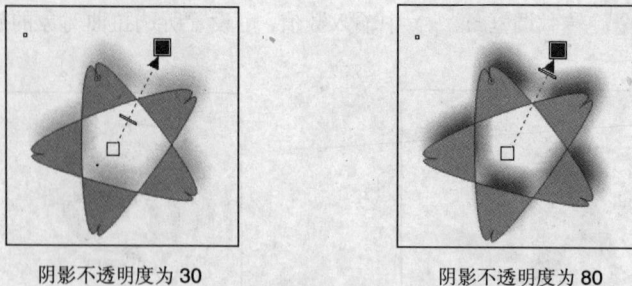

阴影不透明度为 30　　　　　　　　　　阴影不透明度为 80

图 5.1.30　改变阴影不透明度的效果

在属性栏中还可以设置交互式阴影的羽化值，以确定阴影的柔化程度。在阴影工具属性栏中的阴影羽化输入框 中输入数值，可设置对象阴影的柔化程度，效果如图 5.1.31.所示。

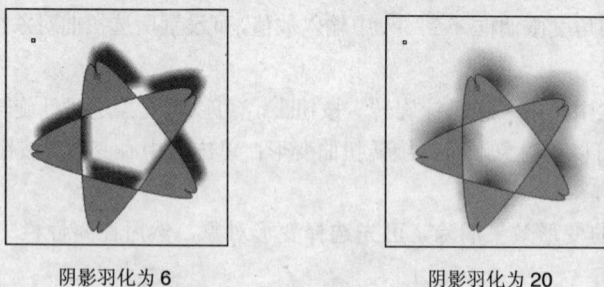

阴影羽化为 6　　　　　　　　　　　阴影羽化为 20

图 5.1.31　改变阴影羽化程度的效果

在阴影工具属性栏中单击阴影颜色下拉列表框 ，可从弹出的调色板中选择阴影的颜色，如图 5.1.32 所示。

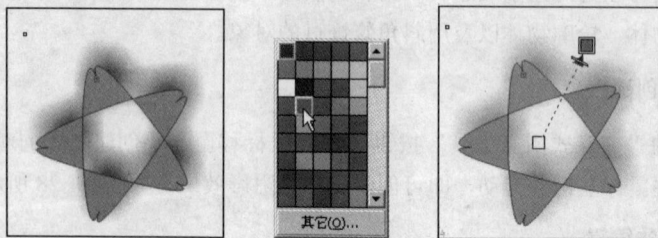

图 5.1.32　设置阴影颜色

## 5.1.5　交互式封套工具

交互式封套工具可以给对象添加封套效果，使图形对象的整体形状随着封套外形的变化而变化，在改变封套形状时，可以使用形状工具对封套的每一个节点进行编辑，包括改变节点的位置、增加或减少节点的数目以及设置节点的性质（平滑、对称、尖突）等。

### 1．应用封套

为对象应用封套效果非常简单，其具体操作步骤如下：

（1）使用挑选工具选择要应用封套效果的对象。

（2）在工具箱中单击"交互式封套工具"按钮 ，此时，被选中的对象就会自动出现一个由节点控制的矩形封套。

（3）将鼠标指针移至对象四周的节点上并拖动，就可以使对象应用封套的变形效果，如图 5.1.33 所示。

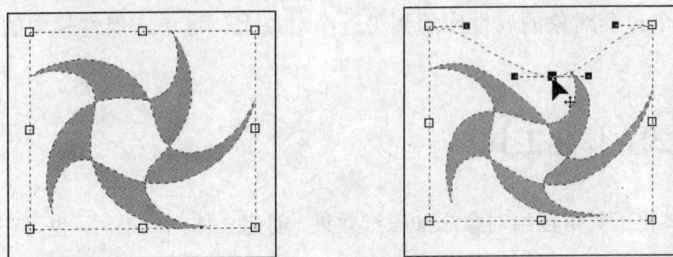

图 5.1.33　添加封套效果

封套节点的编辑方法与曲线节点的编辑方法相似，都可以进行添加、删除、移动或改变节点的属性等操作，从而可以方便地完成任意形状的编辑。

**2．封套的编辑**

交互式封套工具属性栏中提供了 4 种封套的编辑模式，即直线模式、单弧模式、双弧模式与非强制模式。在这 4 种封套模式下可以编辑封套的节点，默认情况下，对封套形状的编辑都是在非强制模式下完成的。

进入封套变形模式后，单击属性栏中的"封套的直线模式"按钮，在使用鼠标调节封套节点变形对象时，将以直线进行变形；单击"封套的单弧模式"按钮，在使用鼠标调节封套节点变形对象时，将以单一弧度变形；单击"封套的双弧模式"按钮，在使用鼠标调节变形对象时，将以双弧度扭曲；单击"封套的非强制模式"按钮，则可以不受任何约束地进行任意变形，如图 5.1.34 所示。

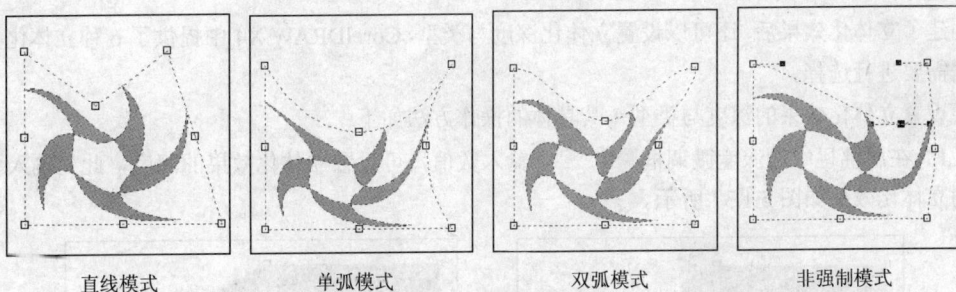

直线模式　　　　　　单弧模式　　　　　　双弧模式　　　　　　非强制模式

图 5.1.34　封套的 4 种模式

在封套工具属性栏中单击"创建封套自"按钮，可以将一个指定的封套形状复制到当前的封套图形中，建立一个新的封套，如图 5.1.35 所示。

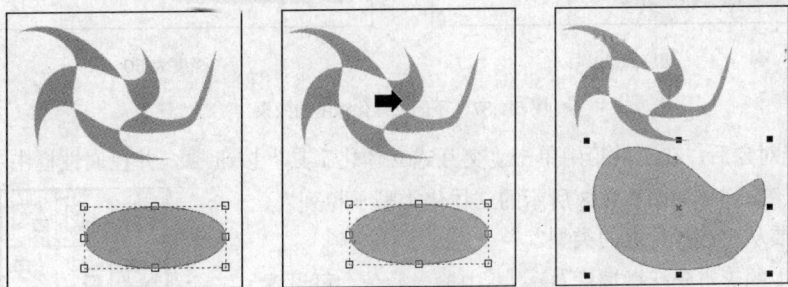

图 5.1.35　建立新的封套

单击属性栏中的"转换为曲线"按钮 ⊙，可以将对象上的封套转换为曲线对象，从而可以像编辑曲线对象一样编辑它。

如果需要将一个封套对象的属性应用到另一个对象上，可单击属性栏中的"复制封套模式"按钮 🔲。

## 5.1.6　交互式立体化工具

利用交互式立体化工具可以给对象添加三维效果。创建立体化效果后，也可在属性栏中对立体化的深度、方向、颜色以及灭点坐标等进行设置。

### 1. 立体化效果的创建

单击交互式工具组中的"交互式立体化工具"按钮 🔲，将鼠标指针移至需要创建立体化效果的对象上，此时，鼠标指针显示为 形状，按住鼠标左键并拖动，可为对象创建立体效果，如图 5.1.36 所示。

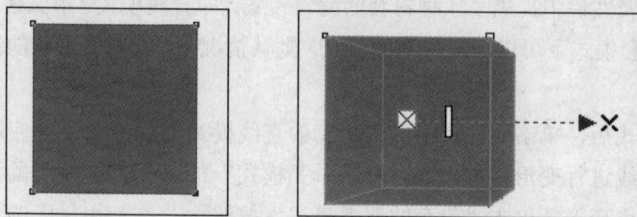

图 5.1.36　创建立体化效果

### 2. 设置立体化深度与类型

创建了立体化效果后，还可以设置立体化深度与类型，CorelDRAW X4 中提供了 6 种立体化类型，可根据需要进行选择。

要设置立体化效果的深度与类型，其具体的操作方法如下：

（1）在属性栏中的深度微调框 🔲 20 中输入数值，可设置立体化效果的深度，此处输入 50，对象的立体化效果如图 5.1.37 所示。

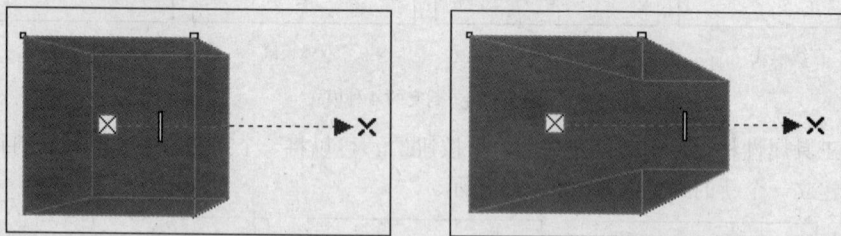

深度为 20　　　　　　　　　　　　　　　深度为 50

图 5.1.37　不同立体化深度的效果

（2）选择对象后，在工具箱中单击"交互式立体化工具"按钮 🔲，并在属性栏中单击立体化类型下拉按钮 🔲，弹出如图 5.1.38 所示的立体化类型下拉列表，用户可根据需要从中选择合适的类型。

在属性栏中的灭点坐标微调框 🔲 112.266 mm / 0.68 mm 中输入数值，可设置灭点的位置。灭点是一个设想的点，它在对象后面的无限远处，

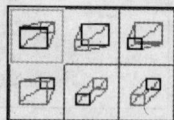

图 5.1.38　立体化类型下拉列表

用 ✘ 形状表示。如果对象向灭点变化，就会产生出透视感。

### 3．旋转立体化对象

单击属性栏中的"立体化方向"按钮 ，可打开立体化方向控制面板，如图 5.1.39 所示，使用鼠标直接拖动该面板中的圆盘即可旋转立体化对象，即调整立体化对象的旋转方向，效果如图 5.1.40 所示。

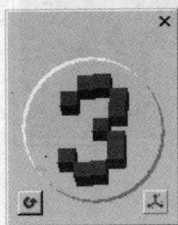

图 5.1.39　立体化方向控制面板　　　　　　　图 5.1.40　旋转立体化对象

使用鼠标单击处于选中状态的立体化对象，此时，立体化对象上可出现一个圆形的旋转调节器，将鼠标指针移至旋转调节器 4 个控制点的任意一个上，按住鼠标左键并拖动，即可旋转立体化对象，如图 5.1.41 所示。将鼠标指针移至调节器内，鼠标指针变为 形状，按住鼠标左键拖动，可以对立体对象进行任意角度的旋转。

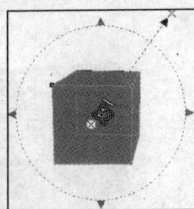

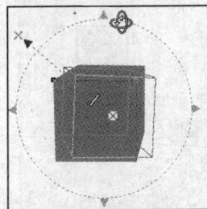

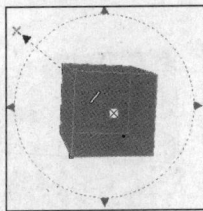

图 5.1.41　用鼠标旋转立体对象

### 4．立体化颜色填充

在交互式立体化工具属性栏中单击"颜色"按钮 ，可打开颜色面板，在其中可设置立体化对象的颜色。

单击"使用纯色"按钮 ，可激活第一个颜色选择按钮 ，单击此下拉按钮，可从打开的调色板中选择填充色，如图 5.1.42 所示。

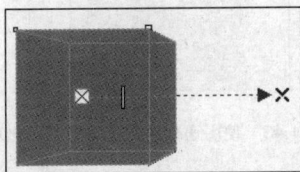

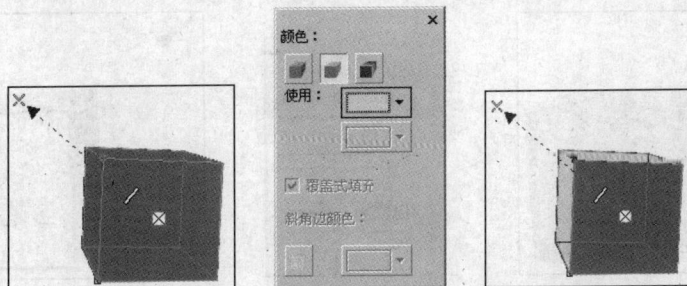

图 5.1.42　使用纯色填充立体化对象

在打开的颜色设置面板中单击"使用递减的颜色"按钮 ，可激活 从: 与 到: 右侧的两个下拉按钮 ，单击 从: 右侧的下拉按钮，可从打开的调色板中选择立体化部分的填充色；单击 到: 右侧的下拉按钮，可从打开的调色板中选择立体化对象的阴影颜色，从而制作出立体化的渐变效果，如图 5.1.43 所示。

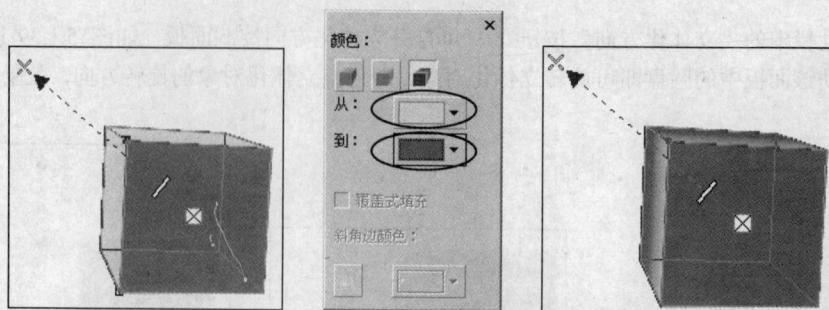

图 5.1.43　使用递减的颜色填充立体化对象

### 5．立体化照明

立体效果的表现主要依赖于光线的变化。使用交互式立体化工具可以为对象设置照明效果。在交互式立体化工具属性栏中单击"照明"按钮，打开立体化照明控制面板，此面板中提供了三个光源，从中选择相应的光源，可制作出立体化照明效果，如图 5.1.44 所示。

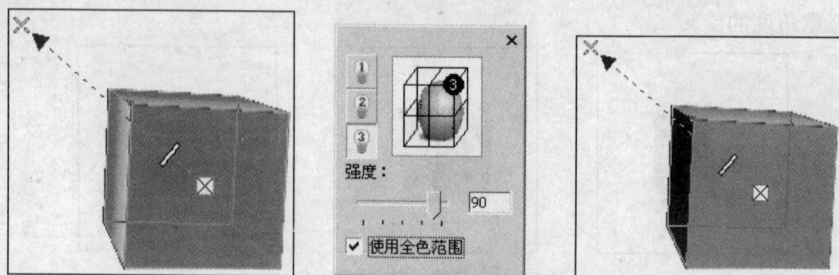

图 5.1.44　立体化照明效果

### 6．斜角立体化对象

在交互式立体化工具属性栏中单击"斜角修饰边"按钮，可打开斜角修饰边控制面板，在此面板中的斜角修饰边深度与斜角修饰边角度微调框 45.0 中输入适当的斜角深度与角度数值，可制作出带有斜边的立体效果，如图 5.1.45 所示。

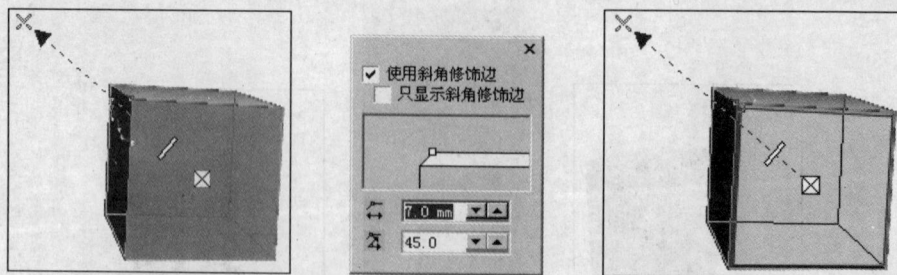

图 5.1.45　为立体化对象修饰斜边

如果选中 只显示斜角修饰边 复选框，可得到一个仅有斜边而没有深度的立体效果。

## 5.1.7　交互式透明工具

交互式透明工具可以使对象产生多种透明效果，如均匀、渐变、图案和底纹等透明效果。该效果可应用于矩形、椭圆形、多边形、段落文本，以及各种线条和位图对象，而不能应用于立体化对象、调和效果或轮廓图效果之中。

### 1．标准透明效果的创建

选择需要创建标准透明效果的对象，单击工具箱中的"交互式透明工具"按钮，在其属性栏中的透明度类型下拉列表 无 中选择 标准 选项，此时所选的对象效果如图 5.1.46 所示。

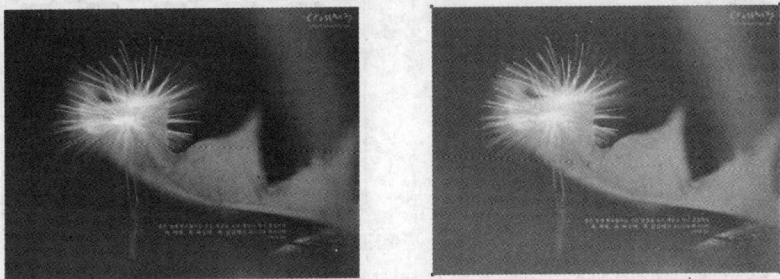

图 5.1.46　标准透明效果

在交互式透明工具属性栏中的透明度操作下拉列表 正常 中提供了多种不同的透明模式，可以根据需要进行选择。在开始透明输入框 中输入数值，可设置透明的程度，其取值范围在 0～100 之间，0 表示无透明效果，100 表示完全透明。

在属性栏中的透明度目标下拉列表 全部 中，可设置透明度的范围，包括 3 个选项，即全部、填充与轮廓。

### 2．渐变透明度的创建

交互式透明工具属性栏中的透明度类型下拉列表 无 中提供了 4 种渐变过渡的方式，即线性、圆锥、射线和方形，用户可根据需要进行选择。

在交互式透明工具属性栏中的透明度类型下拉列表 线性 中选择 线性 选项，此时可为所选的对象创建渐变透明度效果，如图 5.1.47 所示，用鼠标拖动黑色控制块，可调整线性渐变的方向，如图 5.1.48 所示。

图 5.1.47　交互式线性透明模式　　　　　　　图 5.1.48　改变起始颜色

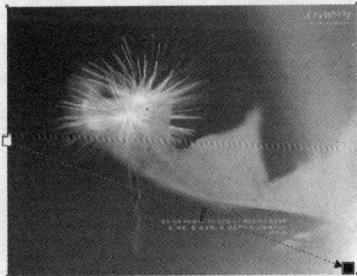

### 3．图样透明度的创建

图样透明度与图样填充一样，也有双色、全色与位图 3 种方式。在交互式透明工具属性栏中的透

明度类型下拉列表 无 中选择 双色图样 选项，可显示出该选项的属性栏，如图 5.1.49 所示。

图 5.1.49　交互式图样透明度属性栏

选择对象后，在属性栏中单击 下拉列表框，从弹出的下拉列表中选择一种预设的图样，即可将所选的图样应用于所选的对象中，如图 5.1.50 所示。

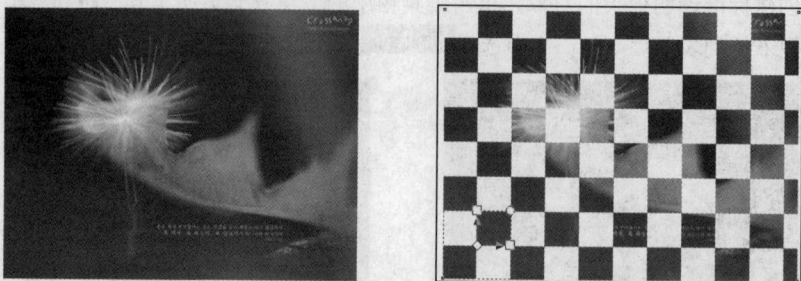

图 5.1.50　应用图样透明度

利用交互式透明的方式可以进一步调节圆的透明位置、大小、角度与颜色，只需要将鼠标指针移至控制色块上，按住鼠标左键并移动，就可以进行旋转变换了。变换不但可以调节虚线矩形的倾斜度，而且也可对矩形的中心（菱形色块处）进行调节，如图 5.1.51 所示。

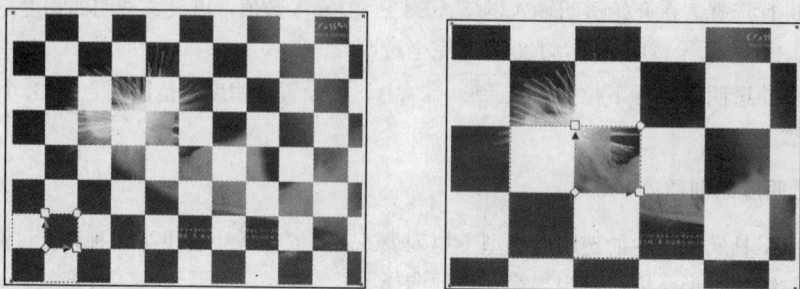

图 5.1.51　调节图样透明度

### 4．底纹透明度

要为对象制作底纹透明效果，其具体的操作方法如下：

（1）使用挑选工具选择多边形对象，如图 5.1.52 所示。

（2）单击工具箱中的"交互式透明工具"按钮 ，在属性栏中的透明度类型下拉列表 无 中选择 底纹 选项，并在属性栏中的 下拉列表中选择所需的底纹，如图 5.1.53 所示。

图 5.1.52　选择对象　　　　　　　　图 5.1.53　底纹透明效果

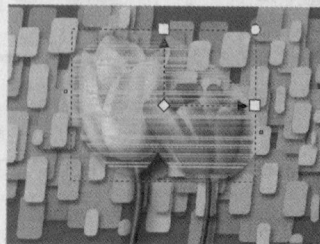

（3）创建底纹透明效果后，多边形对象上会出现底纹透明控制线，将鼠标指针移至控制线上，按住鼠标左键拖动，可调整底纹透明的方向和角度，还可以调整底纹的大小和数量，如图 5.1.54 所示。

图 5.1.54　调整底纹透明效果

在所有交互式透明类型的属性栏中都有一个"冻结"按钮，单击此按钮，就可以将设置好的透明度固定在这个对象中，但对图形对象的操作将会变得缓慢。

在交互式透明工具属性栏中单击"复制透明度属性"按钮，就可以将已经应用透明度效果的图形中的透明效果复制到另一个图形中。其操作方法很简单，只需要使用挑选工具选择一个需要进行透明处理的对象，单击工具箱中的"交互式透明工具"按钮，在弹出的属性栏中单击"复制透明度属性"按钮，此时，鼠标指针显示为 ➡ 形状，移动鼠标至已经做好透明处理的对象上，单击鼠标左键，即可将该对象的透明属性全部复制到所选的对象中。

# 5.2　交互式填充

使用交互式填充工具可以制作出丰富多样的填充效果。利用工具箱中的交互式填充工具与隐藏的工具组中的交互式网状填充工具，可以对图形进行交互式填充。

## 5.2.1　交互式填充工具

使用交互式填充工具，可以对所选图形对象进行标准填充、渐变填充、图案填充以及底纹填充或取消填充等操作。

单击工具箱中的"交互式填充工具"按钮，其属性栏显示如图 5.2.1 所示。

图 5.2.1　交互式填充工具属性栏

在属性栏中单击 方角 下拉列表框，弹出其下拉列表，如图 5.2.2 所示，可从中选择填充的类型，如果选择 方角 选项，可以方角填充方式填充图形对象，如图 5.2.3 所示。

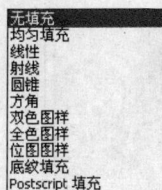

图 5.2.2　填充类型下拉列表　　　　图 5.2.3　以方角填充方式填充图形对象

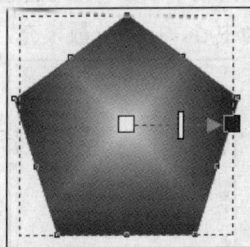

图 5.2.3 中，虚线连接的两个小方块代表着渐变色的起点与终点，线条中央的小方块代表渐变填色的中心点。当用鼠标调整渐变条上的起点、终点或中间点的位置时，就会将渐变填充的分布状况改变。

在属性栏中单击填充颜色下拉列表框 ■ ▼，可从弹出的下拉列表中选择不同的颜色。

在渐变填充中心点微调框 ÷50 ÷ 中设置参数，可设置交互式填充的中心位置。

在渐变填充角和边衬微调框 中设置参数，可设置交互式填充的角度和宽度。

渐变步长值微调框 ⌂256 中的参数值越大，渐变就越光滑。

单击"复制填充属性"按钮 ，可以将填充后的交互式填充属性复制到当前要进行交互式填充的图形上。

## 5.2.2　交互式网状填充工具

使用交互式网状填充工具可以更方便、更容易地对图形对象进行变形或填充，还可以给每个网点填充不同的颜色。

使用挑选工具选择图形对象后，单击工具箱中的"交互式填充工具"按钮 右下角的小三角，在隐藏的工具组中单击"交互式网状填充工具"按钮 ，此时将会在所选的图形对象上显示出一些网格，如图 5.2.4 所示。

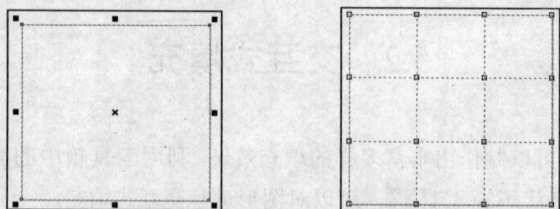

图 5.2.4　使用交互式网状填充工具

交互式网状填充工具的属性栏如图 5.2.5 所示，在其中可以设置水平或垂直方向上的网格数目。

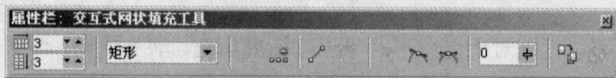

图 5.2.5　交互式网状填充工具属性栏

在属性栏中的网格大小微调框 中设置参数，可以设置网格的密度和数量。

在属性栏中单击"添加交叉点"按钮 ，可以在网格线上添加一个节点。

在属性栏中单击"删除节点"按钮 ，可以将网格线上的节点删除。

单击属性栏中的"复制网状填充属性"按钮 ，可将图形的网格属性复制到新的图形上。

使用鼠标在任意一个网格中单击，即可将该网格选中，然后在调色板中选择一种颜色，将会看到所选颜色以选中的网格为中心，向外分散填充，如图 5.2.6 所示。

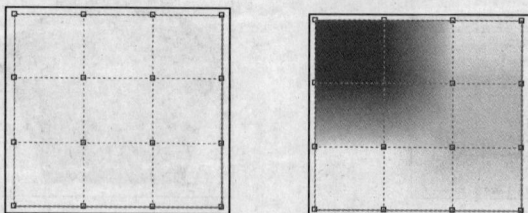

图 5.2.6　交互式网格填充

如果选中网格上的节点，则所选颜色将以该节点为中心向外分散填充。

用鼠标调节网格上的节点，即可改变所填充区域的颜色，如图 5.2.7 所示。

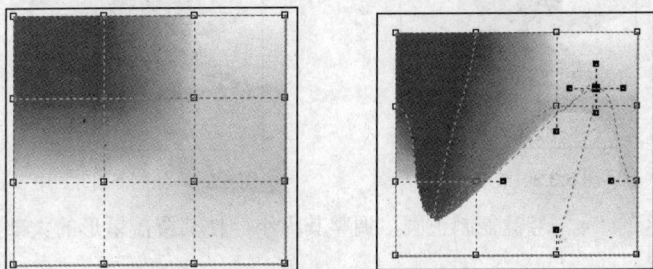

图 5.2.7　改变填充区域

以上介绍的都是封闭对象的填充，如果要对一个开放曲线进行填充，选择工具栏中的"自动闭合路径"按钮 [图]，将开放曲线转换为闭合对象。

# 5.3　应用实例——制作"齿轮"效果

## 1. 创作目的

本例将制作"齿轮"效果，在制作过程中主要用到椭圆工具、矩形工具、渐变填充工具、贝塞尔工具以及调和工具等，最终效果如图 5.3.1 所示。

图 5.3.1　最终效果图

## 2. 创作要点

掌握填充工具的应用与交互式填充工具的使用，可以制作简单的填充效果。

## 3. 创作步骤

（1）选择 [文件(F)] → [新建(N)　　　　　　Ctrl+N] 命令，新建一个文件。

（2）选择工具箱中的"星形工具"按钮 [图]，设置其参数如图 5.3.2 所示。

图 5.3.2　"星形工具"属性栏

（3）在绘图区中拖动鼠标绘制星形对象，并填充 80% 黑色，效果如图 5.3.3 所示。

（4）单击工具箱中的"椭圆工具"按钮 [图]，按住"Ctrl"键绘制正圆，选中两个对象，按"E"键和"C"键使对象水平居中对齐和垂直居中对齐，效果如图 5.3.4 所示。

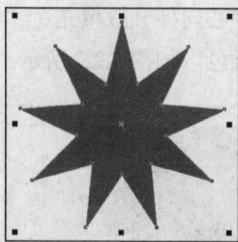

图 5.3.3　绘制星形

图 5.3.4　绘制椭圆并居中

（5）按小键盘区的"+"号键复制正圆，调整其大小，使其覆盖星形的大部分，效果如图 5.3.5 所示。

（6）按"Shift+Page Down"键将大圆置于最下层，效果如图 5.3.6 所示。

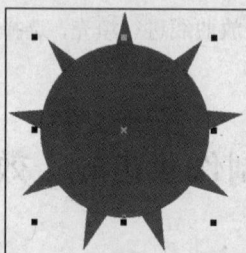

图 5.3.5　调整圆大小

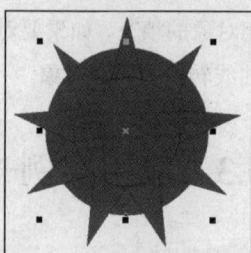

图 5.3.6　将大圆置于最下层

（7）打开"造形"泊坞窗，选择其中的 焊接 选项，选中小圆和星形，单击 焊接到 按钮后单击小圆，焊接后效果如图 5.3.7 所示。

（8）选择造形泊坞窗中的 相交 选项，选中大圆，单击 相交 按钮后单击焊接后图形，相交效果如图 5.3.8 所示。

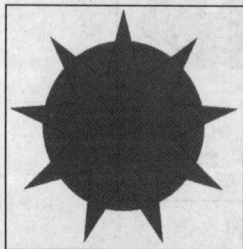

图 5.3.7　焊接后效果

图 5.3.8　相交后效果

（9）选择工具箱中的"椭圆工具"按钮，按住"Ctrl"键在图中绘制正圆，并使之与原图形垂直对齐和水平对齐，效果如图 5.3.9 所示。

（10）选择"造形"泊坞窗中的 修剪 选项，选中小圆，单击 修剪 按钮后单击多边形，修剪后效果如图 5.3.10 所示。

图 5.3.9　绘制小圆

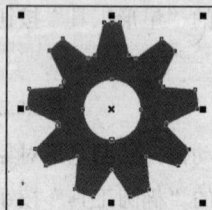

图 5.3.10　修剪后效果

（11）选择工具箱中的"交互式立体化工具"按钮 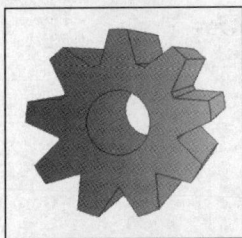，拖动鼠标使图形产生立体效果，其效果如图 5.3.11 所示。

（12）选择工具箱中的"渐变填充工具"按钮 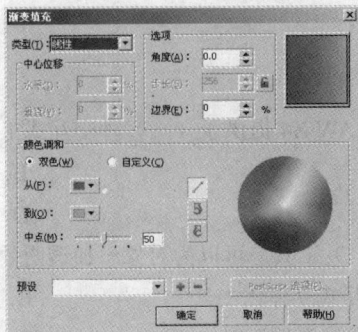，在弹出的 **渐变填充** 对话框中设置渐变为"黑色到灰色"，设置其他参数如图 5.3.12 所示。

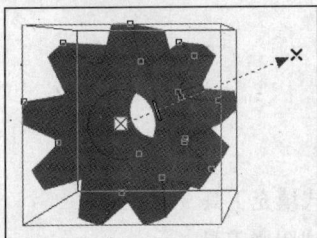

图 5.3.11　拉出立体化效果　　　　　图 5.3.12　"渐变填充"对话框

（13）单击 **确定** 按钮，渐变效果如图 5.3.13 所示。

（14）复制两个齿轮调节其立体化角度，效果如图 5.3.14 所示。

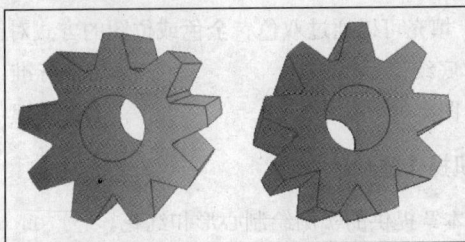

图 5.3.13　渐变效果　　　　　　图 5.3.14　调整立体化角度

（15）另外复制一个齿轮，调整其立体化角度，并更改渐变颜色，调整三个齿轮的大小及位置，使得最终效果如图 5.3.1 所示。

# 本 章 小 结

本章主要介绍了交互式工具组和交互式填充工具组中各工具的使用方法。通过本章的学习，用户应充分了解并掌握交互式工具的属性及使用方法。

# 习 题 五

**一、填空题**

1. 交互式工具组包括＿＿＿＿、＿＿＿＿、＿＿＿＿、＿＿＿＿、＿＿＿＿、＿＿＿＿和＿＿＿＿7 种交互式特效工具。

2. 交互式调和工具可以用来创建对象之间的＿＿＿＿、＿＿＿＿、＿＿＿＿及＿＿＿＿的过渡效果。

3. CorelDRAW X4 提供了 3 种图案样式，分别是双色图案、全色图案和＿＿＿＿＿＿图案。

4．当视图处于草稿、正常模式时 PostScript 底纹填充不显示，而显示字母＿＿＿＿＿。

5．想设置两种以上的颜色的渐变填充，需应用＿＿＿＿＿设置。

6．为图形填充渐变颜色之后，可利用＿＿＿＿＿对渐变效果的方向和范围进行调整。

7．为图形填充了渐变或图案、纹理效果后，若想再对这些填充效果进行外观编辑时，可使用＿＿＿＿＿工具。

二、选择题

1．CorelDRAW X4 提供了（　　）种交互式工具。

　　A．9　　　　　　　　　　　　B．8

　　C．7　　　　　　　　　　　　D．6

2．使用（　　）工具，可以为对象添加透明效果。

　　A．交互式立体化工具　　　　　B．交互式填充工具

　　C．交互式透明工具　　　　　　D．交互式阴影工具

3．使用滴管工具可以选择的填充方式有（　　）。

　　A．单色　　　　　　　　　　　B．渐变

　　C．图案　　　　　　　　　　　D．位图

4．（　　）填充可以通过双色、全色或位图的方式对图形进行填充。

　　A．底纹　　　　　　　　　　　B．标准

　　C．图案　　　　　　　　　　　D．纹理

三、上机操作题

1．按照本章提供的实例绘制心形和红花。

2．利用矩形工具、椭圆工具、均匀填充工具、渐变填充工具以及贝塞尔工具等来制作一个 logo，最终效果如图 5.1 所示。

3．使用交互式网状填充工具和上题自定义的调色板，制作如图 5.2 所示的效果。

题图 5.1　logo 效果图　　　　　　　　题图 5.2　效果图

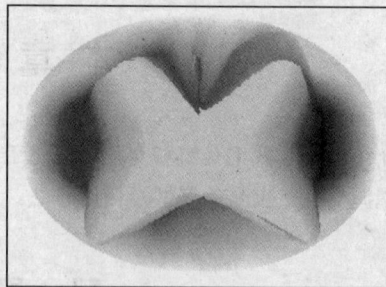

# 第6章 透镜效果与图形色调

【学习目标】

在 CorelDRAW X4 中除了可以对对象的形状与颜色进行调整外，还可以为对象制作多种透镜效果，对图形进行色调的调整，本章主要介绍透镜的使用和色调的调整方法。

【学习要点】

★ 透镜的使用
★ 调整图形的色调
★ 图框精确剪裁对象
★ 添加透视点

## 6.1 透镜的使用

透镜是 CorelDRAW X4 中较为特殊的一种功能，应用透镜功能可以使位于它之下的对象产生相应的变化，如颜色的变化、对象的变形效果等。透镜可用于封闭的对象，而不能应用于添加了立体化、轮廓图或调和效果的对象上。

选择菜单栏中的 效果(C) → 透镜(L) 命令，打开 透镜 泊坞窗，如图 6.1.1 所示，在 无透镜效果 下拉列表中提供了 10 多种透镜类型，用户可以根据需要从中选择合适的透镜类型。

在 透镜 泊坞窗底部单击 🔒 按钮，使其显示为 🔓 形状，此时可激活 应用 按钮，单击此按钮可将透镜效果应用于所选的对象。

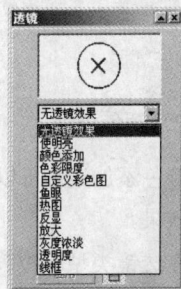

图 6.1.1 透镜泊坞窗

### 6.1.1 应用透镜

要应用透镜效果，其具体的操作方法如下：

（1）如果要对位图进行透镜处理，则需要先导入位图对象，然后在位图需要改变的区域绘制一个封闭的图形对象，并进行填充，将其作为透镜的镜头，如图 6.1.2 所示。

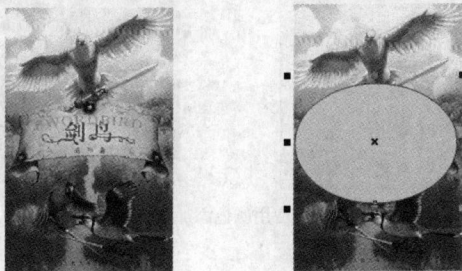

图 6.1.2 创建透镜的镜头

（2）选择菜单栏中的 效果(C) → 透镜(L) 命令，打开 透镜 泊坞窗。

（3）在 透镜 泊坞窗中的透镜类型下拉列表 无透镜效果 ▼ 中选择需要设置应用的选项，并在 比率(E) 输入框中输入数值，可改变图像的明暗比例，单击 应用 按钮，即可看到镜头下面的图像亮度发生了改变。

## 6.1.2　使用透镜效果

CorelDRAW X4 中提供了 11 种透镜效果，使用不同的透镜可以制作出不同的透镜效果。

### 1. 使明亮

在透镜类型下拉列表 使明亮 ▼ 中选择 使明亮 选项，然后在 比率(E) 输入框中输入数值，它的取值范围在 0～100% 之间，最后单击 应用 按钮，得到的透镜效果如图 6.1.3 所示。

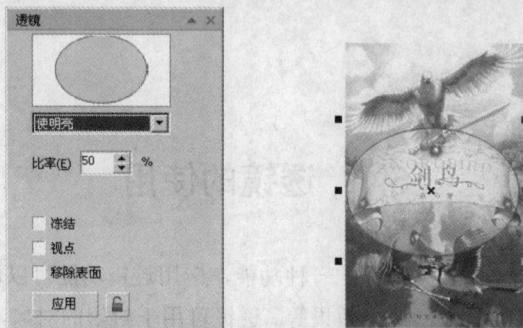

图 6.1.3　应用使明亮透镜的效果

### 2. 颜色添加

颜色添加透镜可以将对象的颜色与透镜的颜色当成光线，将这些光线混合起来就产生了透镜的新增色效果。

在透镜类型下拉列表 使明亮 ▼ 中选择 颜色添加 选项，然后在 比率(E) 输入框中输入数值，它的取值范围在 0～100% 之间，0 表示没有光线添加到对象上，因此对象的颜色不变。单击 颜色： 右侧的下拉列表框 ▼ ，可从打开的调色板中选择一种透镜的颜色，最后单击 应用 按钮，得到的透镜效果如图 6.1.4 所示。

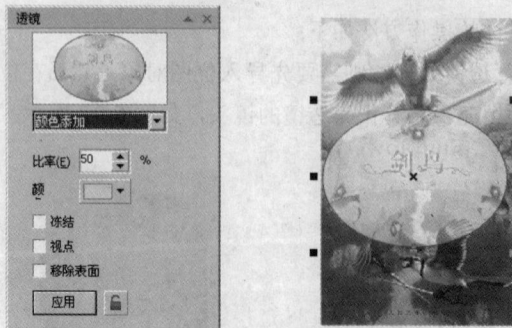

图 6.1.4　应用颜色添加透镜效果

### 3. 色彩限度

色彩限度透镜的效果与照相机上的颜色过滤镜片类似，只显示透镜本身的颜色与黑色，而其他的颜色将被转换成透镜的颜色。

在透镜类型下拉列表 使明亮 中选择 色彩限度 选项，然后在 比率(E) 输入框中输入数值，设置透镜的深度，数值越大，限制就越大；在 颜色： 列表中选择透镜的颜色，最后单击 应用 按钮，得到的效果如图 6.1.5 所示。

图 6.1.5　应用色彩限度透镜效果

### 4. 自定义彩色图

自定义彩色图透镜可以将对象的填充色转换为双色调。在转换颜色时以亮度为基准，以设置的起始颜色和终止颜色为色调进行颜色转换。

在透镜类型下拉列表 使明亮 中选择 自定义彩色图 选项，在 从： 与 到： 下面的颜色列表中为透镜选择两种颜色，单击 ◇ 按钮，可交换所选的两种颜色的顺序，这种颜色的变化过程有 3 种，分别为 直接调色板 、 向前的彩虹 和 反转的彩虹 。

单击 应用 按钮，应用了自定义彩色图透镜的图像效果如图 6.1.6 所示。

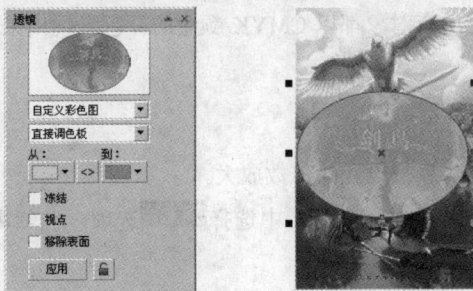

图 6.1.6　应用自定义彩色图透镜前后的效果

### 5. 鱼眼

鱼眼透镜可以使透镜下的对象产生大小的扭曲，使图像呈现变形、放大或缩小的状态。可以通过设置比率米控制扭曲的程度，取值范围在-1000 %～1000 %之间，数值为正数时，向外突出；数值为负数时，向内凹陷，如图 6.1.7 所示。

### 6. 热图

热图透镜可使图像产生红外图像的效果。该透镜使用红、橙、黄、白、青、蓝、紫等几种颜色来调节透镜作用下图像的冷暖效果。

在透镜类型下拉列表 使明亮 中选择 热图 选项，在 调色板旋转： 输入框中输入数值，可控制透镜对象的冷暖色，暖色显示为红色和橙色，冷色显示为青色和紫色。输入数值为 0 或 100 时，就会使透镜下的暖色显示为青色和白色；输入数值为 50 时，就会使透镜下的冷色显示为红色，效果如

图 6.1.8 所示。

图 6.1.7　应用鱼眼透镜效果

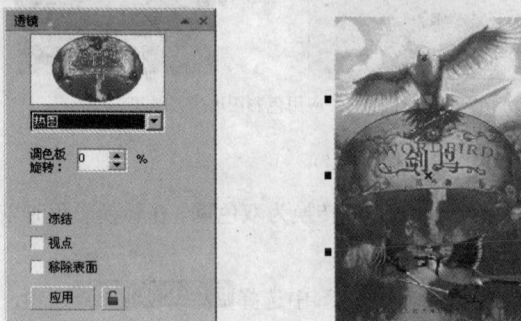

图 6.1.8　应用热图滤镜的效果

### 7. 反显

反显透镜可以使透镜下的所有对象都以 CMYK 颜色的补色显现出来。如果对照片使用此透镜，则可显示出照片的底片效果。

### 8. 放大

放大透镜可使透镜下面的对象按设置的倍数放大。

在透镜类型下拉列表 使明亮 ▼ 中选择 放大 选项，在 数量 输入框中输入数值，可设置放大的倍数。

### 9. 灰度浓淡

使用灰度浓淡透镜可以将图像的颜色变为等值的灰度，而且使这些颜色比透镜本身的色调要浅。

### 10. 透明度

透明度透镜可使对象显示透镜的颜色，透镜的颜色可以是任意的，也可以根据需要设置对象的透明程度。

### 11. 线框

线框透镜可设置对象显示透镜的填充色和轮廓线，透镜的颜色可以是根据需要进行设置。

## 6.1.3　透镜通用参数设置

透镜 泊坞窗中有 ☑ 冻结 、 ☑ 视点 和 ☑ 移除表面 3 个复选框，通过它们可以设置各种透镜的效果。

### 1．冻结效果

在 **透镜** 泊坞窗中选中 ☑**冻结** 复选框，可将透镜效果与下面的对象锁定，不管将其移至任何地方，透镜效果和对象内容都不会改变。冻结之后就可以移动透镜，也可以进行复制等操作。

### 2．视点效果

创建好一种类型的透镜后，在其相应的 **透镜** 泊坞窗中选中 ☑**视点** 复选框，此时，该复选框的右侧会出现一个 **编辑** 按钮，单击此按钮，透镜中心会显示 ✕ 标记，移动此标记可更改视点的位置，也可在 **透镜** 泊坞窗中的 X: 与 Y: 坐标值输入框中设置视点的位置，如图 6.1.9 所示。

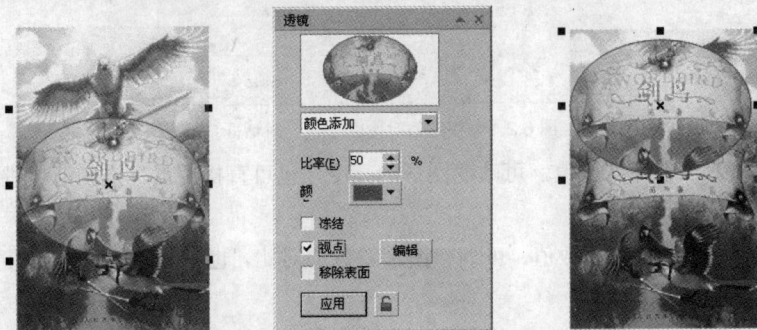

图 6.1.9　视点效果

### 3．移除表面效果

在 **透镜** 泊坞窗中选中 ☑**移除表面** 复选框，透镜将只作用于下面的对象，使下面对象之外的区域保持通透性，效果如图 6.1.10 所示。

图 6.1.10　移除表面效果

## 6.1.4　取消透镜效果

要取消对象的透镜效果，可以在诱镜泊坞窗中的 使明亮 ▼ 下拉列表中选择 **无透镜效果** 选项，单击 应用 按钮，即可取消对象应用的透镜效果。

# 6.2　调整图形的色调

在 CorelDRAW X4 中可以对图形进行色调的调整。本节主要介绍调整图形色调的方法。

### 6.2.1　调整亮度、对比度和强度

使用亮度/对比度/强度命令可以调整对象的亮度、对比度与强度。

使用挑选工具选择需要调整的图形对象，选择 效果(C) → 调整(A) → 亮度/对比度/强度(I)… 命令，弹出 亮度/对比度/强度 对话框，如图 6.2.1 所示。

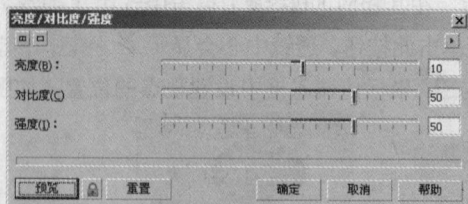

图 6.2.1　"亮度/对比度/强度"对话框

在 亮度(B)：输入框中输入数值，可改变图形的亮度，也可直接用鼠标拖动滑块进行调整，其取值范围在-100～100 之间。

在 对比度(C)：输入框中输入数值，可调整图形颜色的对比，也就是调整最深或最浅颜色之间的差异。

在 强度(I)：输入框中输入数值，可调整图形浅色区域的亮度，同时不降低深色区域的亮度。

设置好参数后，单击 预览 按钮，可预览色调的调整效果。预览满意后，单击 确定 按钮，调整前后的效果如图 6.2.2 所示。

调整前　　　　　　　　　　　　　　　调整后

图 6.2.2　调整亮度/对比度/强度前后效果对比

### 6.2.2　调整颜色平衡

颜色平衡命令可以调整对象的色彩，使其达到平衡的效果。

使用挑选工具选择图形后，选择菜单栏中的 效果(C) → 调整(A) → 颜色平衡(L)… 命令，弹出 颜色平衡 对话框，如图 6.2.3 所示。

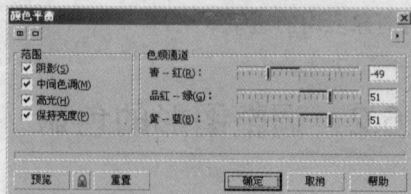

图 6.2.3　"颜色平衡"对话框

在 范围 选项区中可选择图像的调整范围，选中 ☑ 阴影(S) 复选框，可以对图形阴影区域的颜色

进行调整；选中 ☑ 中间色调(M) 复选框，可以对图形中间色调的颜色进行调整；选中 ☑ 高光(H) 复选框，可以对图形高光区域的颜色进行调整；选中 ☑ 保持亮度(P) 复选框，可以在调整图形颜色的同时保持图形的亮度不受影响。

　　在 通道 选项区中拖动各项的滑块，即可对图形需要调整的颜色范围进行精细的调整。拖动 青 -- 红(R)： 滑块，可以在图形中添加青色和红色，用来校正该图形中不均衡的颜色，向右移动滑块可添加红色，向左移动滑块可添加青色；拖动 品 -- 绿(G)： 滑块，可在图形中添加品红色和绿色，用于校正图形中不均衡的颜色，向右移动滑块可添加绿色，向左移动滑块可添加品红色；拖动 黄 -- 蓝(B)： 滑块，可在图形中添加黄色和蓝色，用于校正图形中不均衡的颜色，向右移动滑块可添加蓝色，向左拖动滑块可添加黄色。

　　设置好参数后，单击 确定 按钮，图像效果如图 6.2.4 所示。

调整前　　　　　　　　　　　　　　调整后

图 6.2.4　调整颜色平衡前后效果对比

## 6.2.3　调整伽玛值

　　使用挑选工具选择需要调整的图形，选择菜单栏中的 效果(C) → 调整(A) → 伽玛值(G)... 命令，弹出 伽玛值 对话框，如图 6.2.5 所示。

　　用鼠标拖动 伽玛值(G)： 滑块，可以设置对象中的所有颜色范围，但主要可调整对象中的中间色调，对对象中的深色和浅色影响较小。

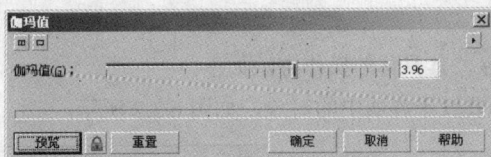

图 6.2.5　"伽玛值"对话框

　　调整数值后，单击 确定 按钮，效果如图 6.2.6 所示。

调整前　　　　　　　　　　　　　　调整后

图 6.2.6　调整伽玛值前后效果对比

### 6.2.4　调整色度、饱和度和亮度

色度/饱和度/亮度命令可以调整对象的色调、饱和度或亮度。

使用挑选工具选择需要调整色调的图形后，选择菜单栏中的 效果(C) → 调整(A) → 色度/饱和度/亮度(S)… 命令，弹出 色度/饱和度/亮度 对话框，如图 6.2.7 所示。

图 6.2.7　"色度/饱和度/亮度"对话框

在 色频通道 选项区选择需要调整的色频；拖动 色度(H)： 滑块可改变图形的颜色，拖动 饱和度(S)： 滑块可改变图形颜色的深浅程度，拖动 亮度(L)： 滑块可改变图形的明暗程度。

此外，通过 效果(C) 菜单中的 调整(A) 与 变换(N) 子菜单中的命令也可以对位图对象进行调整，从而快速地创造出多种图像效果。

## 6.3　图框精确剪裁对象

使用图框精确剪裁功能可以将一个矢量对象或位图图像放置到其他对象中。作为图框精确剪裁的容器对象必须是封闭路径的对象。

选择菜单栏中的 效果(C) → 图框精确剪裁(W) ▶ 命令，可弹出其子菜单，如图 6.3.1 所示，通过使用这些命令，可以将图形放置在其他对象中。

### 6.3.1　置于容器内

要创建图框精确剪裁对象，其具体的操作方法如下：

（1）使用挑选工具选择要置于容器中的对象，如图 6.3.2 所示。

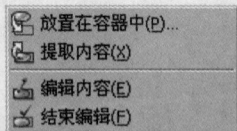

图 6.3.1　精确裁剪子菜单　　　　图 6.3.2　选择要置于容器中的对象

（2）选择菜单栏中的 效果(C) → 图框精确剪裁(W) ▶ → 放置在容器中(P)… 命令，此时光标显示为 ➡ 形状后，将鼠标移至希望作为容器的对象上，然后单击，即可将图像置于容器内，如图 6.3.3 所示。

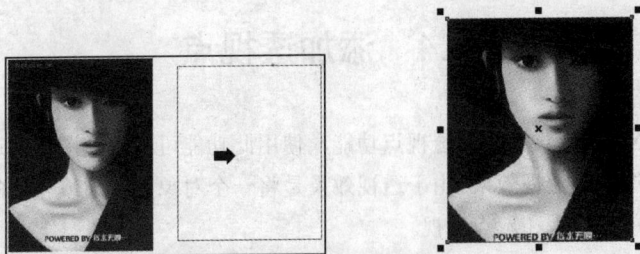

图 6.3.3 图框精确剪裁图像

## 6.3.2 提取内容

在创建图框精确剪裁对象后，可以将其提取出来。其操作方法很简单，只需要选中容器与对象，然后选择菜单栏中的 效果(C) →
图框精确剪裁(W) → 提取内容(X) 命令即可，此时内置的对象和容器又分为两个对象，如图 6.3.4 所示。

图 6.3.4 提取内容

## 6.3.3 编辑内容与完成编辑

创建图框精确剪裁对象后，还可以对放置在容器中的内容进行
编辑，使用 编辑内容(E) 与 结束编辑(F) 命令可以完成这些操作。具体的操作方法如下：

（1）使用挑选工具选中一个需要进行编辑的图框精确剪裁容器与对象，如图 6.3.5 所示。

（2）选择菜单栏中的 效果(C) → 图框精确剪裁(W) → 编辑内容(E) 命令，此时图形将变成如图 6.3.6 所示的效果。

图 6.3.5 选择图框精确剪裁容器与对象　　图 6.3.6 使用编辑内容命令后的效果

（3）对容器中的对象进行编辑完成后，选择菜单栏中的 效果(C) → 图框精确剪裁(W) →
结束编辑(F) 命令，结束对容器中对象的编辑，此时将只显示包含在容器内的部分，如图 6.3.7 所示。

图 6.3.7 完成编辑

# 6.4　添加透视点

在 CorelDRAW X4 中提供了添加透视点功能，使用此功能可以改变图形的透视点，从而制作出具有三维空间距离与深度的透视效果。由于透视效果是将一个对象的一边或相邻的两边缩短之后产生的，所以透视可分为单点透视和双点透视。

## 6.4.1　单点透视

单点透视是缩短对象的一边，使对象呈现出向一个方向后退的效果。使用单点透视的方法如下：

（1）在绘图区中绘制一个图形对象，然后选择菜单栏中的 效果(C) → 添加透视(P) 命令，这时，在对象周围显示一个虚线外框与 4 个控制点，如图 6.4.1 所示。

图 6.4.1　添加透视点

（2）将光标移到任意一个控制点上，按住 "Ctrl" 键的同时单击鼠标左键并拖动，使节点向水平或垂直方向移动，从而创建出单点透视效果，如图 6.4.2 所示。

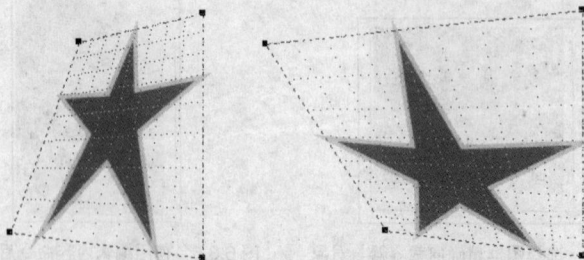

图 6.4.2　创建单点透视效果

在移动控制点时，会发现消逝点 ✕ 也随着移动，如果直接用鼠标拖动消逝点 ✕ 也可以获得各种角度的透视效果。

## 6.4.2　双点透视

双点透视就是改变对象两条边的长度，从而使对象呈现出向两个方向后退的效果。

要添加双点透视，其具体的操作方法如下：

（1）创建需要进行双点透视的对象，并使用挑选工具将其选择。

（2）选择菜单栏中的 效果(C) → 添加透视(P) 命令，此时所选的对象周围出现一个虚线外框和 4 个黑控制点。

（3）将光标移至任意一个控制点上，按住鼠标左键沿着图形的对角线方向拖动，即可创建出双点透视效果，如图 6.4.3 所示。

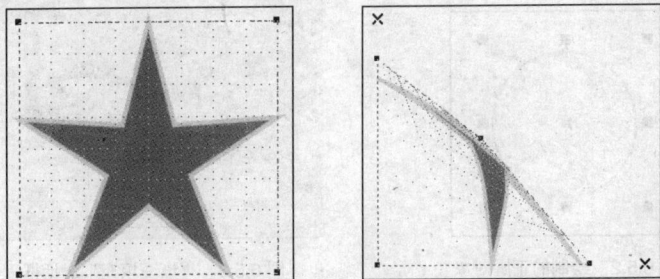

图 6.4.3 双点透视效果

# 6.5 应用实例——望远镜效果

## 1．创作目的

实例制作过程中主要用到了椭圆形工具、填充工具以及放大透镜效果等，望远镜最终效果如图 6.5.1 所示。

图 6.5.1 望远镜效果

## 2．创作要点

结合实践，掌握透镜的基本用法。

## 3．创作步骤

（1）选择菜单栏中的 文件(F) → 新建(N) Ctrl+N 命令，新建一个图形文件。

（2）单击工具箱中的"椭圆形工具"按钮 ，按住"Ctrl"键的同时，在绘图区中拖动鼠标绘制正圆对象，如图 6.5.2 所示。

（3）单击工具箱中的"渐变工具"按钮 ，设置其渐变为 80%黑色和 20%黑色的渐变，设置其他参数如图 6.5.3 所示。

（4）单击 确定 按钮，填充后效果如图 6.5.4 所示。

（5）按小键盘区的"+"号键，复制正圆，按住"Shift"键将圆按比例缩小，更改其旋转角度为"100"，效果如图 6.5.5 所示。

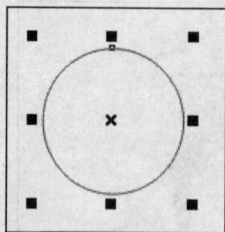

图 6.5.2 绘制的正圆对象

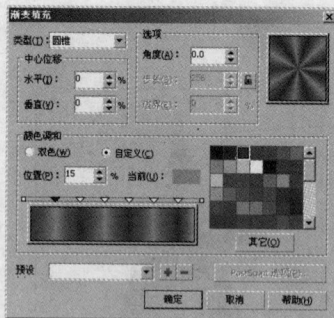

图 6.5.3 "渐变填充"对话框

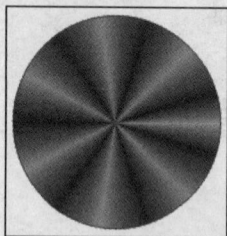

图 6.5.4 填充效果

图 6.5.5 复制并旋转

（6）复制小圆，按比例缩小，去除其填充色，效果如图 6.5.6 所示。

（7）选中复制后的小圆，选择 窗口(W) → 泊坞窗(D) → 造形(P) 命令，在弹出的"造形"泊坞窗中选择 修剪 选项，选中保留原件中的"来源对象"，单击 修剪 按钮，单击其外面的椭圆，如图 6.5.7 所示。

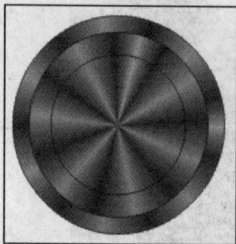

图 6.5.6 复制对象

图 6.5.7 修剪效果

（8）重复步骤（7）的操作，对最外侧的圆进行修剪，效果如图 6.5.8 所示。

（9）按"Ctrl+A"组合键选中全部图形，单击工具栏中的"群组"按钮。

（10）复制群组后对象，调整其位置至如图 6.5.9 所示位置。

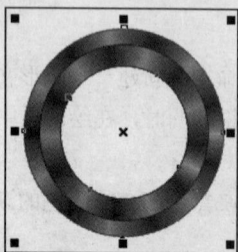

图 6.5.8 修剪效果

图 6.5.9 复制并调节其位置

（11）单击工具箱中的"矩形工具"按钮，绘制矩形，并按"Ctrl+Q"组合键将其转化为曲线，效果如图 6.5.10 所示。

（12）单击工具箱中的"渐变工具"按钮 ，设置其渐变参数如图 6.5.11 所示。

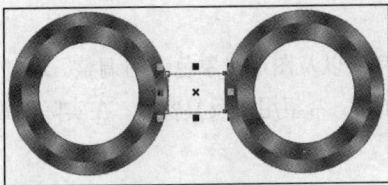
图 6.5.10　绘制矩形

图 6.5.11　"渐变填充"对话框

（13）使用形状工具对矩形进行调节，选中所有图形将其群组，效果如图 6.5.12 所示。

（14）单击工具栏中的"导入"按钮 ，选择要导入的图片，单击 导入 按钮，导入图片效果如图 6.5.13 所示。

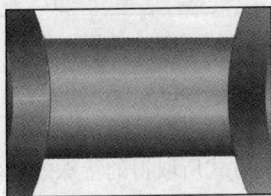
图 6.5.12　调调整矩形

图 6.5.13　导入图片

（15）按"Shift+PageDown"组合键将导入图片置于最下层，调整望远镜位置，使得效果如图 6.5.14 所示。

（16）选择菜单栏中的 效果(C) → 透镜(L) 命令，打开 透镜 泊坞窗，在 无透镜效果 下拉列表中选择 放大 选项，设置其他参数如图 6.5.15 所示。

图 6.5.14　调整图形位置

图 6.5.15　透镜泊坞窗

（17）按住"Ctrl"键选中望远镜镜片中间的小圆，单击 应用 按钮，为绘制的正圆对象应用透镜效果，如图 6.5.16 所示。

图 6.5.16　放大效果

（18）同样的方法为另一个镜片添加放大滤镜，效果如图 6.5.1 所示。

# 本 章 小 结

本章主要介绍了 CorelDRAW X4 中透镜效果的应用以及图形对象色调的调整。通过本章的学习，读者应对透镜效果与对象色调的调整有一个基本的了解，希望用户反复实践，在实际的设计和制作中能够灵活应用，创作出独特的作品。

# 习 题 六

### 一、填空题

1．透镜可用于封闭的对象，而不能应用于_____、_____或_____的对象。

2．_____命令可以调整对象的色彩，从而使其达到平衡的效果。

3．使用_____透镜可以将对象的颜色与透镜的颜色当成光线，将这些光线混合起来就产生了透镜的新增色效果。

4．透镜效果是指通过改变对象外观或改变_____的方式所取得的特殊效果，而不改变对象实际属性。

5．选择 效果(C) → 透镜(S) 命令，或者按下_____快捷键，就可以打开 透镜 泊坞窗。

6．_____透镜是通过按 CMYK 模式将透镜下对象的颜色转换为互补色，从而产生类似相片底片的特殊效果。

### 二、选择题

1．当在工作区中时，按下（　　）键在容器对象上单击即可进入容器内部。

　　A．Ctrl　　　　　　　　　　　B．Shift

　　C．Alt　　　　　　　　　　　 D．Ctrl+Shift

2．"图框精确裁剪"命令不可用于下列（　　）对象。

　　A．点阵图对象　　　　　　　　B．矢量图对象

　　C．再制对象　　　　　　　　　D．仿制对象

### 三、简答题

1．如何调整对比度太强的图像？

2．如何为对象应用自定义彩色图透镜？

### 四、上机操作题

1．新建一个图形文件，导入一幅位图对象，再使用多边形工具在位图上绘制一个多边形，并为其添加透镜效果。

2．导入一幅位图对象，对其进行各种色调的调整。

# 第 7 章　位图的处理

【学习目标】

本章介绍 CorelDRAW X4 编辑位图的强大功能。通过学习本章的内容，用户可以了解并掌握如何应用 CorelDRAW X4 的强大功能来处理和编辑位图。

【学习要点】

★ 编辑位图的颜色
★ 位图的特殊效果

## 7.1　编辑位图的颜色

CorelDRAW X4 提供了强大的位图颜色编辑功能，掌握这些功能可以有效地完成设计任务。下面具体讲解如何使用这些功能。

### 7.1.1　使用位图颜色遮罩

（1）导入一幅位图，选择 位图(B) → 位图颜色遮罩(M) 命令，弹出 位图颜色遮罩 泊坞窗，如图 7.1.1 所示。

（2）在泊坞窗列表框中单击"吸管"按钮 ，鼠标的指针变为吸管形状，在位图上单击要遮罩的颜色。选中的颜色在泊坞窗列表框的颜色条目上出现。使用相同的方法选择需要遮罩的颜色，选中的颜色在列表框的颜色条目上出现，如图 7.1.2 所示。

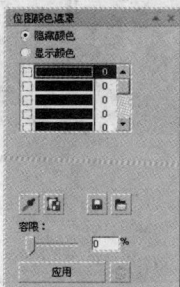

图 7.1.1　"位图颜色遮罩"泊坞窗　　　图 7.1.2　"位图颜色遮罩"泊坞窗

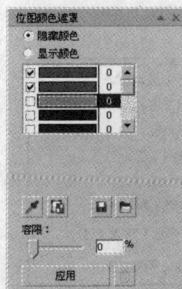

（3）单击泊坞窗中的"编辑颜色"按钮 ，弹出如图 7.1.3 所示的 选择颜色 对话框，在该对话框中可以编辑需要遮罩的颜色。

（4）单击"保存遮罩"按钮 ，弹出 另存为 对话框，可以将设置好的颜色遮罩作为样式保存。单击"打开遮罩"按钮 ，弹出 打开 对话框，可以打开保存的颜色遮罩样式，在 位图颜色遮罩 泊坞窗中可以直接使用。

（5）拖动 容限： 选项框的滑动条或直接输入数值，如图 7.1.4 所示，可以遮罩相近的颜色，容限值越大，遮罩的颜色范围越大。

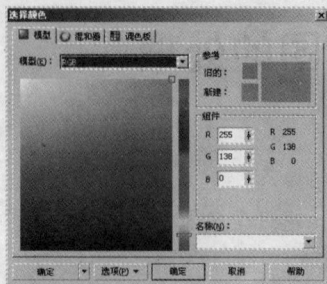

图 7.1.3　"选择颜色"对话框　　　　　图 7.1.4　"位图颜色遮罩"泊坞窗

（6）在 位图颜色遮罩 泊坞窗中，有隐藏颜色和显示颜色两种遮罩模式。选择不同的颜色遮罩模式，会出现不同的遮罩效果。

如果想清除位图的颜色遮罩效果，先选中已建立颜色遮罩的位图，在 位图颜色遮罩 泊坞窗中单击"移除遮罩"按钮 ，就可以清除位图的颜色遮罩效果。

## 7.1.2　使用位图色彩模式

导入位图后，选择 位图(B) → 模式(D) 命令，可以转换位图的色彩模式，如图 7.1.5 所示。不同的色彩模式会以不同的方式对位图的颜色进行分类和显示。

### 1．黑白模式

黑白模式是一种 1 位的颜色模式，这种颜色模式将图像保存为两种纯色，即黑色和白色。

选中导入的位图，选择菜单栏中的 位图(B) → 模式(D) → 黑白（1 位）(B)… 命令，弹出如图 7.1.6 所示的 转换为 1 位 对话框。

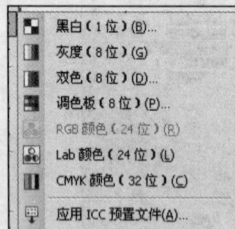

图 7.1.5　选择色彩模式　　　　　图 7.1.6　"转换为 1 位"对话框

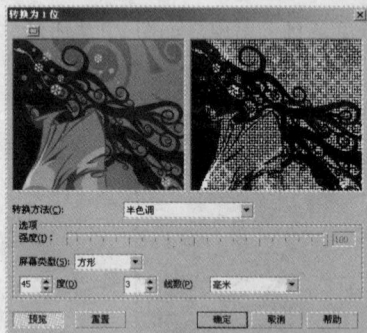

在此对话框中左上方的导入位图预览框上单击鼠标，可以放大预览图像，单击鼠标右键，可以缩小预览图像。

单击对话框的 转换方法(C): 半色调 列表框中的黑色三角按钮，弹出下拉列表，可以选择其他的转换方法，拖动选项设置区中的"阈值"滑块，可以设置转换的强度。黑白模式只能用 1 bit 的位分辨率来记录它的每一个像素，而且只能显示黑白两色，所以是最简单的位图模式。

在对话框中的"转换方法"列表框的下拉列表中选择不同的转换方法，可以使黑白位图产生不同的效果，设置好后，单击 预览 按钮，可以预览设置的效果，单击 确定 按钮，得到如图 7.2.7

所示的效果。

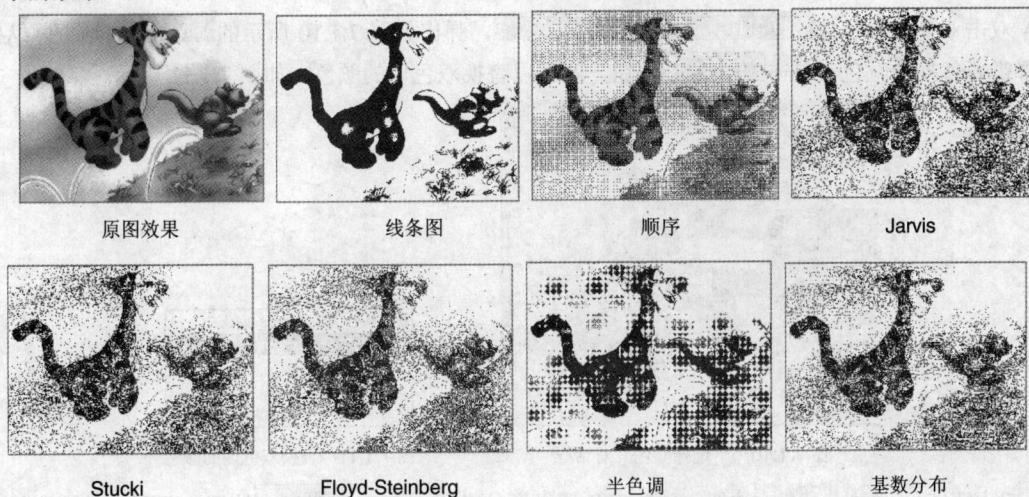

| 原图效果 | 线条图 | 顺序 | Jarvis |

| Stucki | Floyd-Steinberg | 半色调 | 基数分布 |

图 7.1.7　黑白位图的不同效果

## 2.转换成 256 灰度模式

将位图颜色的灰度模式转换。该模式位图是 8 位模式的黑白位图,其灰度值在 0～255 之间,设置的值越大灰度就越浅,设置的值越小灰度就越深。有些情况下,必须把位图转换成 256 灰度模式后才能转换成其他模式。

选择 位图(B) → 模式(D) → 灰度(8 位)(G) 命令,将位图转换成 256 灰度模式,位图转换成 256 灰度模式后,效果和黑白照片的效果类似,位图被不同灰度填充。位图失去了所有的颜色。

## 3.双色调模式

双色调模式是 8 位灰度的位图模式。该模式的位图只是另外添加了 1～4 种颜色的简单灰度图像。

导入一幅位图,选择菜单栏中的 位图(B) → 模式(D) → 双色(8 位)(D)... 命令,弹出如图 7.1.8 所示的 双色调 对话框。

单击对话框的 类型(T):单色 列表框中的黑色三角按钮,弹出如图 7.1.9 所示的下拉列表,从中选择其他的色调模式。

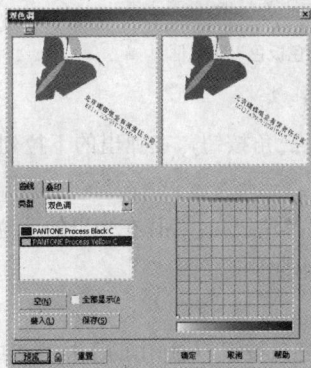

图 7.1.8　"双色调"对话框

图 7.1.9　双击双色调的色标

单击 载入(L) 按钮,在弹出的对话框中可以将原来存储的双色调效果载入。单击 保存(S) 按钮,可以在弹出的对话框中将设置好的双色调效果保存。

拖动右侧显示框中的曲线，可以设置双色调的色阶变化。

双击双色调的色标 PANTONE Process Yellow C ，弹出如图 7.1.10 所示的 选择颜色 对话框，从中选择需要替换的颜色，单击 确定 按钮，就可以替换双色调的颜色，如图 7.1.11 所示。

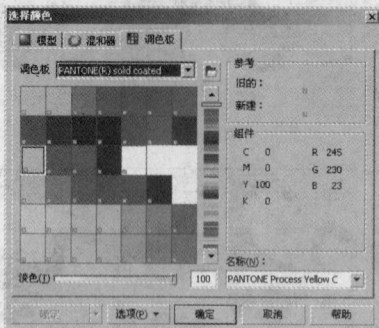

图 7.1.10 "选择颜色"对话框

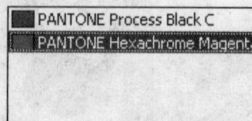

图 7.1.11 替换双色调的颜色

设置好后，单击 预览 按钮，预览双色调设置的效果，单击 确定 按钮，即可完成图形的双色调效果。

### 4．调色板模式

调色板模式是一种 8 位的颜色模式，该模式可以使用 256 种颜色来保存或者显示图像。如果需要更精确地控制转换过程中使用的颜色，可以将图像转换成调色板模式。

（1）导入一幅位图，选择菜单栏中的 位图(B) → 模式(D) → 调色板（8位）(P)... 命令，弹出如图 7.1.12 所示的 转换至调色板色 对话框。

图 7.1.12 "转换至调色板色"对话框

拖动 平滑(M)：滑块，用来设置位图色彩的平滑程度。

单击 调色板(P)： 标准的 列表框中的黑色三角按钮，在弹出的下拉列表中选择调色板的类型。

单击 递色处理的(D) 顺序 列表框中的黑色三角按钮，在弹出的下拉列表中选择底色的类型。拖动 抵色强度(I)：滑块，可以设置位图底色的抖动程度。

在 颜色(C)：数值框中可以调节色彩数。

单击 预设(S)： 默认 列表框中的黑色三角按钮，从弹出的下拉列表中选择预置的效果。

（2）单击 标准的 列表框右边的 打开(O) 按钮，弹出如图 7.1.13 所示的 打开调色板 对话框，选择自定义的调色板，弹出如图 7.1.14 所示的"转换至调色板色"对话框。单击 确定 按钮，自定义调色板位图的效果就完成了。

图 7.1.13　"打开调色板"对话框　　　　　图 7.1.14　"转换至调色板色"对话框

### 5．RGB 模式、Lab 模式、CMYK 模式

RGB 颜色模式是由红、绿、蓝三原色按照一定的百分比创建的颜色，每种颜色都有 256 级浓度。

Lab 颜色模式创建与设备无关的位图，它包含了 CMYK 和 RGB 两种颜色模型的色谱。

CMYK 颜色模式可以创建出用户需要的任何颜色。

# 7.2　位图的特殊效果

CorelDRAW X4 中处理位图的滤镜功能是非常强大的，使用位图滤镜，可以迅速地改变位图对象的外观效果。CorelDRAW X4 中提供了多种不同特性的滤镜，如卷页、浮雕、模糊、风、旋涡和虚光等，使用好位图的滤镜可以创作出多种特殊的效果。

虽然滤镜的种类很多，但添加滤镜效果的操作却非常相似，一般都可以按照下面的步骤来进行。

（1）选定需要添加滤镜效果的位图图像。

（2）选择 位图(B) 菜单，从相应滤镜的子菜单中选择滤镜命令，即可弹出相应的滤镜选项设置对话框。

（3）在滤镜选项设置对话框中设置相关的参数，单击 确定 按钮，即可将选择的滤镜效果应用到位图对象中。

（4）在每一个滤镜对话框的顶部，都有 回 和 口 两个"预览窗口切换"按钮，用于在对话框中打开和关闭预览窗口，或切换双预览窗口和单预览窗口。

（5）在每一个滤镜对话框的底部，都有一个 预览 按钮。单击该按钮，即可在预览窗口中预览到添加滤镜后的效果。在双预览窗口中，还可以对原始效果和添加的滤镜效果进行观察比较。

## 7.2.1　位图的三维效果

选择菜单栏中的 位图(B) → 三维效果(3) 命令，弹出其子菜单，其中包含三维旋转、柱面、浮雕、卷页、透视、挤远与挤近、球面 7 种特殊效果，如图 7.2.1 所示，通过选择相应的命令可以对位图应用不同的三维效果。

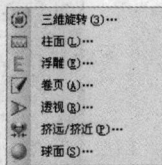

### 1．三维旋转

图 7.2.1　三维效果子菜单

三维旋转命令可以改变位图对象水平方向或垂直方向的角度，以模拟三维空间的方式来旋转位

图，从而产生立体透视的效果。

　　使用挑选工具选择位图对象后，选择菜单栏中的 位图(B) → 三维效果(3) → ▣ 三维旋转(3)… 命令，弹出 三维旋转 对话框，在 垂直(V): 与 水平(H): 微调框中输入数值，可设置旋转角度，选中 ☑ 最适合(B) 复选框，使图像以最合适的大小显示，单击 预览 按钮，可预览设置后的效果，满意后，单击 确定 按钮，位图应用三维旋转的效果如图 7.2.2 所示。

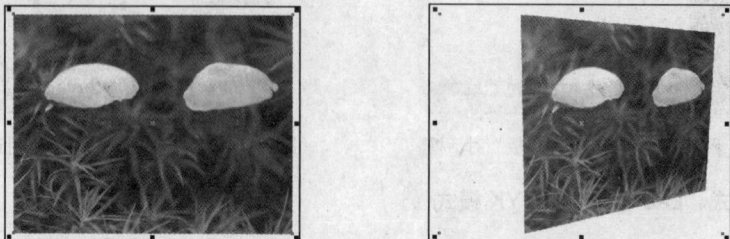

图 7.2.2　应用三维旋转滤镜前后效果对比图

### 2. 柱面

柱面命令可以使位图对象在水平或垂直的柱面产生映射的效果。

　　选择位图对象后，选择菜单栏中的 位图(B) → 三维效果(3) → ▦ 柱面(L)… 命令，弹出 柱面 对话框，在 柱面模式 选项区中选中 ⦿ 垂直(V) 或 ⦿ 水平(H) 单选按钮，然后通过调节 百分比(P): 微调框中的数值来设置水平或垂直模式的百分比，单击 确定 按钮，位图的柱面效果如图 7.2.3 所示。

图 7.2.3　位图的柱面效果对比图

### 3. 浮雕

使用浮雕滤镜可以调整深度与光线的方向，从而在平面的图像上建立一种三维浮雕效果。

　　选中位图后，选择菜单栏中的 位图(B) → 三维效果(3) → ▣ 浮雕(E)… 命令，弹出 浮雕 对话框，在 深度(D): 输入框中可设置浮雕效果的深浅度；在 层次(L): 输入框中可设置浮雕效果的明显程度；在 方向(C): 微调框中可设置浮雕效果的角度。在 浮雕色 选项区中，可以选择一种颜色作为创建浮雕效果的背景颜色。设置好参数后，单击 确定 按钮，图像效果如图 7.2.4 所示。

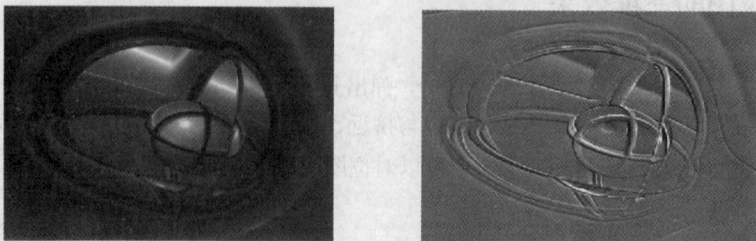

图 7.2.4　应用浮雕滤镜前后效果对比

### 4．卷页

卷页命令可以从图像的 4 边角开始，将位图的部分区域像纸一样卷起。

选择位图后，选择菜单栏中的 位图(B) → 三维效果(3) → ☑ 卷页(A)… 命令，弹出 卷页 对话框，如图 7.2.5 所示。

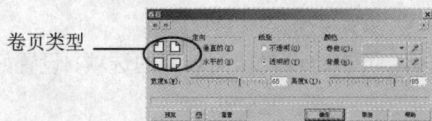

图 7.2.5　"卷页"对话框

该对话框左侧提供了 4 种卷页类型，可以设置位图卷起页角的位置；在 定向 选项区中可设置卷页从哪一边缘卷起；在 纸张 选项区中可选择卷页部分是否透明；在 颜色 选项区中可设置 卷曲(C): 与 背景(B): 的颜色；在 宽度%(W): 与 高度%(I): 输入框中可设置卷页区域的宽度与高度。

单击 预览 按钮，可预览卷页效果。设置好后，单击 确定 按钮，位图卷页效果如图 7.2.6 所示。

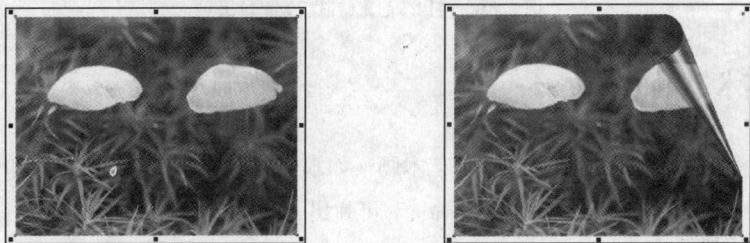

图 7.2.6　应用卷页滤镜前后效果对比图

### 5．透视

使用透视命令可以使图像产生三维深度的效果。

选择位图后，选择菜单栏中的 位图(B) → 三维效果(3) → ➤ 透视(R)… 命令，弹出 透视 对话框，在 类型 选项区中选择一种透视模式，然后将鼠标指针移至对话框左侧的调整窗口中，调整 4 个控制点，可以改变图像中透视点的位置。

### 6．挤远与挤近

使用挤远与挤近命令，可通过调整对话框中的数值使位图扭曲。

选中位图后，选择菜单栏中的 位图(B) → 三维效果(3) → 🐾 挤远/挤近(P)… 命令，弹出 挤远/挤近 对话框，在 挤远/挤近(P): 输入框中输入数值，可以改变位图的挤远或挤近程度。单击对话框中的 🔲 按钮，然后在位图上单击，可以设置挤远或挤近时的中心位置。设置好参数后，单击 确定 按钮，图像效果如图 7.2.7 所示。

图 7.2.7　使用挤远/挤近滤镜前后效果对比图

**7．球面**

球面命令可使位图对象产生球体化的效果。

选择位图后，选择菜单栏中的 位图(B) → 三维效果(3) → ● 球面(S)… 命令，弹出 球面 对话框，在 优化 选项区中可选择优化方式；在 百分比(P)：输入框中输入数值，可设置球面是凹下的还是凸起的；单击 按钮，将鼠标指针移至位图对象上单击，可确定球体的中心位置。

在设置的过程中，单击 重置 按钮，可重新设置球面效果的选项，设置好后单击 确定 按钮，位图应用球面的效果如图 7.2.8 所示。

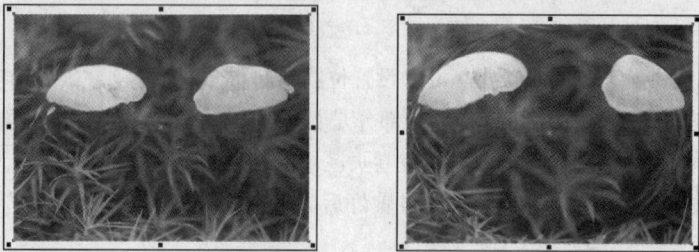

图 7.2.8　应用球面滤镜前后效果对比

## 7.2.2　艺术笔触

艺术笔触命令可以使位图对象产生某种艺术画（如水彩画、油画、素描以及水印画等）的风格。

选择菜单栏中的 位图(B) → 艺术笔触(A) 命令，可弹出其子菜单，从中选择相应的命令可使位图对象产生自然描绘的效果。

**1．炭笔画**

使用炭笔画命令可以使位图对象产生一种素描效果。

选择菜单栏中的 位图(B) → 艺术笔触(A) → ✏ 炭笔画(C)… 命令，弹出 炭笔画 对话框，通过调整 大小(S)： 与 边缘(E)： 微调框中的数值，可设置炭笔画的像素大小和对比度。

在设置的过程中，单击 重置 按钮，可重新设置炭笔效果的选项，设置好后单击 确定 按钮，位图应用炭笔画的效果如图 7.2.9 所示。

图 7.2.9　应用炭笔画滤镜前后效果对比图

**2．单色蜡笔画**

使用单色蜡笔画滤镜可以使图像产生不同的纹理效果。

选中位图后，选择菜单栏中的 位图(B) → 艺术笔触(A) → ✏ 单色蜡笔画(I)… 命令，弹出 单色蜡笔画 对话框，如图 7.2.10 所示。

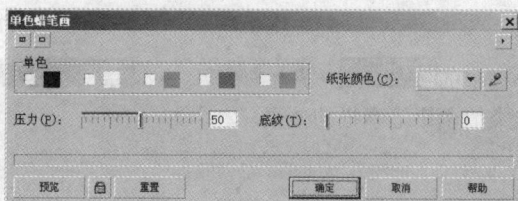

图 7.2.10　"单色蜡笔画"对话框

在 单色 选项区中，可以选择一种或多种蜡笔颜色，并单击 纸张颜色(C)： 右侧的 ▼ 下拉按钮，在弹出的调色板中选择一种蜡笔颜色。

在 压力(P)： 输入框中输入数值，可控制绘制所选图像的效果时的颜色轻重；在 底纹(T)： 输入框中输入数值，可设置纹理质地的粗糙程度，数值越大质地越粗糙。

单击 预览 按钮，可以在预览窗口中预览调整参数后的位图效果。如果要重新设置各项参数，可单击 重置 按钮，进行参数的重新设置。

设置满意后，单击 确定 按钮，图像效果如图 7.2.11 所示。

图 7.2.11　应用单色蜡笔画滤镜前后效果对比

### 3. 蜡笔画

使用蜡笔画滤镜可以使位图产生蜡笔绘画的效果。

选中位图后，选择菜单栏中的 位图(B) → 艺术笔触(A) → 蜡笔画(R)… 命令，弹出 蜡笔画 对话框，如图 7.2.12 所示。

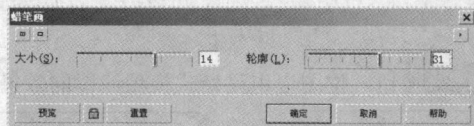

图 7.2.12　"蜡笔画"对话框

在 大小(S)： 输入框中输入数值，可设置像素散开的稠密程度，也就是图像的粗糙程度；在 轮廓(L)： 输入框中输入数值，可设置图像轮廓显示的轻重程度。

设置好参数后，单击 确定 按钮，图像应用蜡笔画滤镜效果如图 7.2.13 所示。

图 7.2.13　应用蜡笔画滤镜前后效果对比

**4．素描**

选中位图后，选择菜单栏中的 位图(B) → 艺术笔触(A) → 素描(K)... 命令，弹出 素描 对话框，设置其参数，可使图像产生类似于铅笔素描的效果。

**5．水彩画**

选中位图后，选择菜单栏中的 位图(B) → 艺术笔触(A) → 水彩画(W)... 命令，弹出 水彩画 对话框，设置其参数，可使图像产生类似于水彩画的效果。

**6．波纹纸画**

选择菜单栏中的 位图(B) → 艺术笔触(A) → 波纹纸画(V)... 命令，弹出 波纹纸画 对话框设置其参数，可使图像产生不同的波浪效果。

## 7.2.3　模糊效果

CorelDRAW X4 中提供了各种各样的模糊滤镜，选择菜单栏中的 位图(B) → 模糊(B) 命令，可弹出其子菜单，从中可选择所需的模糊命令，使图像产生相应的模糊效果。

**1．定向平滑**

定向平滑滤镜可以使图像中的渐变区域平滑且保留边缘细节和纹理。

选择菜单栏中的 位图(B) → 模糊(B) → 定向平滑(D)... 命令，弹出 定向平滑 对话框，在 百分比(P): 输入框中输入数值，可以改变模糊的平滑程度。

设置好参数后，单击 确定 按钮，即可对位图应用定向平滑滤镜。

**2．高斯式模糊**

高斯式模糊滤镜可以使位图按照高斯分配产生朦胧的效果。

使用挑选工具选择位图对象后，选择菜单栏中的 位图(B) → 模糊(B) → 高斯式模糊(G)... 命令，弹出 高斯式模糊 对话框，在 半径(R): 输入框中输入数值，可以改变高斯模糊的模糊程度。其数值越大，模糊效果就越明显。

设置好参数后，单击 确定 按钮，位图应用高斯式模糊滤镜的效果如图 7.2.14 所示。

图 7.2.14　应用高斯式模糊滤镜前后效果对比图

**3．动态模糊**

动态模糊滤镜可以使图像产生动态的模糊效果。

选择菜单栏中的 位图(B) → 模糊(B) → 动态模糊(M)... 命令，弹出 动态模糊 对话框，如图 7.2.15 所示。

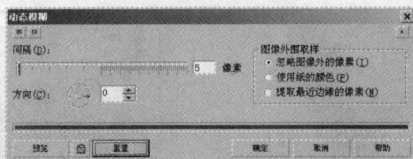

图 7.2.15　"动态模糊"对话框

在 方向(C)：输入框中输入数值，可以改变位图对象动态模糊的方向。

在 图像外围取样 选项区中可以选择图像的取样模式，有 ⊙ 忽略图像外的像素(I) 、 ⊙ 使用纸的颜色(P) 和 ⊙ 提取最近边缘的像素(N) 3 种方式。

设置好参数后，单击 确定 按钮，位图应用动态模糊滤镜的效果如图 7.2.16 所示。

图 7.2.16　应用动态模糊滤镜前后效果对比图

### 4．放射式模糊

放射式模糊滤镜可以使位图对象产生由中心向外框辐射的效果。

选择位图对象后，选择菜单栏中的 位图(B) → 模糊(B) → ● 放射式模糊(R)… 命令，弹出 放射状模糊 对话框，在 数量(A)：输入框中输入数值，可以改变放射模糊的数量。输入的数值越大，放射效果越明显。在 放射状模糊 对话框中单击 按钮，在位图上单击可确定放射的中心位置。设置好参数后，单击 确定 按钮，位图应用放射式模糊的效果如图 7.2.17 所示。

图 7.2.17　应用放射式模糊滤镜前后效果对比图

### 5．缩放

缩放滤镜可以使位图图像从外向中心产生模糊。

选择菜单栏中的 位图(B) → 模糊(B) → 缩放(Z)… 命令，弹出 缩放 对话框。

在 数量(A)：输入框中输入数值，可以设置位图缩放效果的明显程度。输入的数值越大，缩放的效果越明显。单击 按钮，然后在位图上单击，可确定开始缩放的中心点。

设置好参数后，单击 确定 按钮，位图应用缩放的效果如图 7.2.18 所示。

图 7.2.18　应用缩放式模糊滤镜前后效果对比图

## 7.2.4　轮廓图

选择菜单栏中的 位图(B) → 轮廓图(O) 命令，弹出其子菜单，使用子菜单中的命令，可以轻松地检测和强调位图图像的轮廓。

### 1. 边缘检测

边缘检测滤镜可以在位图对象中加入不同的边缘效果。

选中位图后，选择菜单栏中的 位图(B) → 轮廓图(O) → 边缘检测(E)... 命令，弹出 边缘检测 对话框，如图 7.2.19 所示。

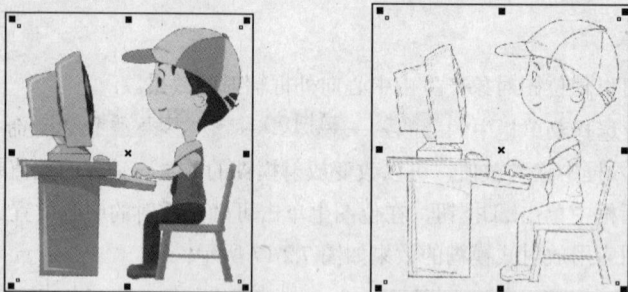

图 7.2.19　应用边缘检测滤镜前后效果对比图

### 2. 查找边缘

查找边缘滤镜可以使位图的边缘轮廓以较高的亮度显示。

选择位图对象后，选择菜单栏中的 位图(B) → 轮廓图(O) → 查找边缘(F)... 命令，弹出 查找边缘 对话框，在 边缘类型: 选项区中选择一种边缘类型，并在 层次(L): 输入框中输入数值，可设置边缘亮度。设置好参数后，单击 确定 按钮，位图应用查找边缘滤镜的效果如图 7.2.20 所示。

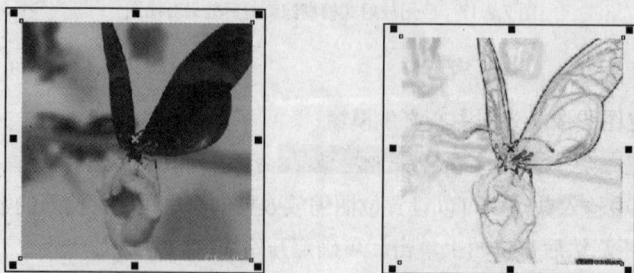

图 7.2.20　应用查找边缘滤镜前后效果对比图

### 3. 跟踪轮廓

选择位图对象后,选择菜单栏中的 位图(B) → 轮廓图(Q) → 跟踪轮廓(T)... 命令,弹出 跟踪轮廓 对话框,在 层次(L): 输入框中输入数值,可以设置位图轮廓的强弱程度;在 边缘类型: 选项区中选中 下降(W) 单选按钮,可以设置位图边缘向下;选中 上面(U) 单选按钮,可以设置位图边缘向上。

设置好各项参数后,单击 确定 按钮,即可对位图应用跟踪轮廓滤镜,效果如图 7.2.21 所示。

图 7.2.21　应用跟踪轮廓滤镜前后效果对比图

## 7.2.5　创造性

选择菜单栏中的 位图(B) → 创造性(V) 命令,弹出子菜单,如图 7.2.22 所示,通过使用这些命令可以制作出具有创造性的图像效果。

### 1. 工艺

使用工艺滤镜,可以产生使用工艺材料对图像进行转化的效果。

选中位图后,选择菜单栏中的 位图(B) → 创造性(V) → 工艺(C)... 命令,弹出 工艺 对话框,如图 7.2.23 所示。

图 7.2.22　创造性子菜单　　　　　图 7.2.23　"工艺"对话框

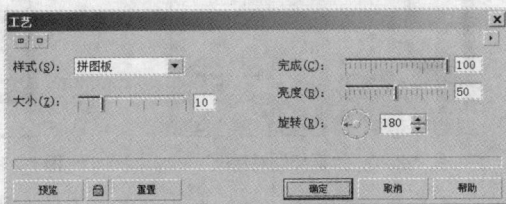

在 样式(S): 下拉列表中可以选择一种工艺样式。在 大小(Z): 输入框中输入数值,可设置所选工艺样式的大小;在 完成(C): 输入框中输入数值,可以设置应用工艺样式的面积;调整 亮度(B): 输入框中的数值,可设置所选工艺样式的亮度;调整 旋转(R): 微调框中的数值,可设置所选工艺样式的旋转角度。设置好参数后,单击 确定 按钮,图像效果如图 7.2.24 所示。

图 7.2.24　应用工艺滤镜前后效果对比图

### 2．晶体化

晶体化命令可以使位图产生一种类似于结晶的效果。

选择位图对象后，选择菜单栏中的 位图(B) → 创造性(V) → 晶体化(Y)... 命令，弹出 晶体化 对话框，在 大小(S)： 输入框中输入数值，可设置结晶颗粒的大小，从而使图像产生类似玻璃破碎的效果。设置参数后，单击 确定 按钮，应用晶体化滤镜的效果如图 7.2.25 所示。

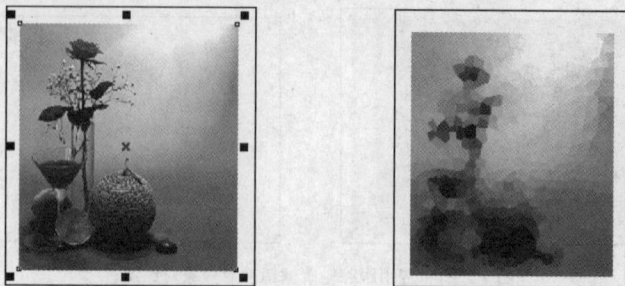

图 7.2.25　应用晶体化滤镜前后效果对比图

### 3．框架

框架命令可以在位图对象周围添加一个框架，使其产生照片框架的效果。

选择位图后，选择菜单栏中的 位图(B) → 创造性(V) → 框架(R)... 命令，弹出 框架 对话框，如图 7.2.26 所示。

在此对话框中单击"框架样式"按钮 右侧的小三角形按钮，弹出预设的几种框架样式，如图 7.2.27 所示，可以从中选择一种框架样式。

图 7.2.26　"框架"对话框

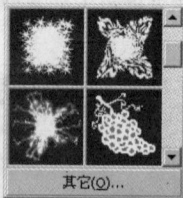

图 7.2.27　预设的框架样式

如果要对所选的框架样式进行修改，可以在此对话框中打开 修改 选项卡，此时，框架 对话框显示 修改 选项卡的各项参数，通过各选项可以调整框架的色彩、宽度、模糊程度以及倾斜的角度等，单击 确定 按钮，即可对位图应用框架滤镜，效果如图 7.2.28 所示。

图 7.2.28　应用框架滤镜前后效果对比图

### 4．虚光

虚光命令可以为图像创建虚化的边缘。选择菜单栏中的 位图(B) → 创造性(V) → 虚光(V)... 命令，

弹出 虚光 对话框。

在此对话框中的 形状 选项区中可以选择一种形状。在 颜色 选项区中可以选择一种颜色作为虚光的颜色。在 调整 选项区中的 偏移(O): 输入框中输入数值，可设置虚光外型的偏移程度；在 褪色(A): 输入框中输入数值，可调节虚光效果在图像中的颜色淡化程度。

设置好参数后，单击 确定 按钮，位图应用虚光滤镜的效果如图 7.2.29 所示。

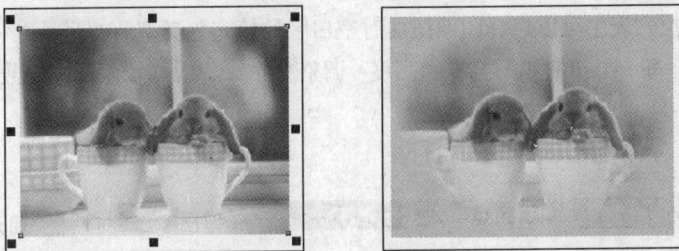

图 7.2.29  应用虚光滤镜前后效果对比图

### 5. 天气

天气命令可以模拟各种天气的变化，给人以身临其境的感觉。使用挑选工具选择位图对象，选择菜单栏中的 位图(B) → 创造性(V) → 天气(W)... 命令，弹出 天气 对话框，如图 7.2.30 所示。

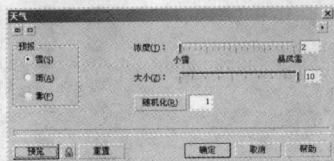

图 7.2.30  "天气"对话框

在 预报 选项区中可以选择一种天气类型，如雪、雨或雾。在 浓度(T): 输入框中输入数值，可设置雪、雨或雾的浓度。在 大小(Z): 输入框中输入数值，可设置雪、雨或雾的大小。单击 随机化(R) 按钮，可以设置像素的分布位置。

设置好参数后，单击 确定 按钮，即可对位图应用天气滤镜，效果如图 7.2.31 所示。

图 7.2.31  应用天气滤镜前后效果对比图

## 7.2.6  扭曲效果

选择菜单栏中的 位图(B) → 扭曲(D) 命令，弹出其子菜单，使用此菜单中的命令，可以使图像产生各种不同的扭曲效果。

### 1. 块状

选择菜单栏中的 位图(B) → 扭曲(D) → 块状(B)... 命令，弹出 块状 对话框，如图 7.2.32 所示。

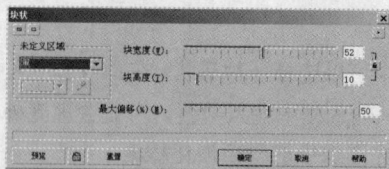

图 7.2.32　"块状"对话框

在 未定义区域 下拉列表中可以选择图像扭曲时空白区的填充色类型；在 块宽度(W): 与 块高度(T): 输入框中输入数值，可设置每一个扭曲块的宽度和高度；调整 最大偏移(%)(M): 输入框中的数值，可设置扭曲块的偏移程度。

### 2. 平铺

选择菜单栏中的 位图(B) → 扭曲(D) → 平铺(T)... 命令，弹出 平铺 对话框，通过调整 水平平铺(H): 与 垂直平铺(V): 输入框中的数值，可设置图像在水平方向与垂直方向上的平铺数量；调整 重叠(O)(%): 输入框中的数值，可设置图像水平与垂直相重叠的数量，从而产生多个图像的平铺效果。应用平铺滤镜后的效果如图 7.2.33 所示。

图 7.2.33　应用平铺滤镜前后效果对比

### 3. 风

使用风滤镜可以使图像产生不同程度的风化效果。

选择菜单栏中的 位图(B) → 扭曲(D) → 风吹效果(N)... 命令，弹出 风吹效果 对话框，通过调整 浓度(S): 输入框中的数值，可设置风化效果的强弱；在 不透明(O): 输入框中输入数值，可设置风化的不透明度；在 角度(A): 微调框中输入数值，可设置风吹的角度方向。设置好参数后，图像效果如图 7.2.34 所示。

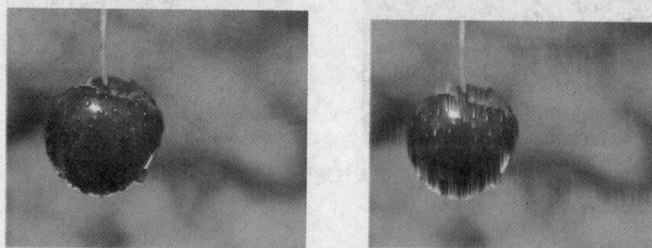

图 7.2.34　应用风滤镜前后效果对比

## 7.2.7　杂点效果

选择菜单栏中的 位图(B) → 杂点(N) 命令，弹出其子菜单，使用此菜单中的命令可以使图像表面产生颗粒状杂点。

### 1．添加杂点

使用添加杂点命令可以在图像中增加杂点，为过于混杂的图像制作一种粒状的效果。

选择菜单栏中的 位图(B) → 杂点(N) → 添加杂点(A)… 命令，弹出 添加杂点 对话框。

在 杂点类型 选项区中可以选择添加杂点的类型；在 密度(D)： 输入框中输入数值，可设置杂点的稀密程度；在 层次(L)： 输入框中输入数值，可设置杂点的强度和颜色值范围；在 颜色模式 选项区中可以选择一种杂点的颜色。

### 2．最大值

使用最大值命令可根据位图对象的最大像素来调整整个图像中的颜色，从而减少杂点。

选择位图后，选择菜单栏中的 位图(B) → 杂点(N) → 最大值(M)… 命令，弹出 最大值 对话框，通过调节 百分比(P)： 与 半径(R)： 输入框中的数值，可设置位图对象中杂点大小和亮度，可根据图像的最大像素来调整整个图像中的颜色，从而去除杂点。

### 3．中间值

选择菜单栏中的 位图(B) → 杂点(N) → 中值(E)… 命令，弹出 中值 对话框，通过调节 半径(R)： 输入框中的数值，可使图像的颜色均匀分布，去除杂点，使图像显得特别平滑。

### 4．最小值

选择菜单栏中的 位图(B) → 杂点(N) → 最小(I)… 命令，弹出 最小 对话框，调节 百分比(P)： 和 半径(R)： 输入框中的数值，以设置图像中的杂点大小和亮度，可以根据图像的最小像素来调整整个图像中的颜色，从而去除杂点。

### 5．去除龟纹

使用去除龟纹命令可以去除波浪形杂点；使用去除杂点滤镜可以自动清除杂点。

## 7.2.8 鲜明化

鲜明化命令可通过提高邻近像素的对比度来强化图像的边缘。选择菜单栏中的 位图(B) → 鲜明化(S) 命令，弹出其子菜单，使用此菜单中的命令，可以使图像的色彩更加鲜明，边缘更加突出。

### 1．高频通行

使用高频通行命令可以将图像中的低分辨率区域和阴影区域清除，产生一种灰色的朦胧效果。

### 2．非鲜明化遮罩

使用非鲜明化遮罩命令可以强调图像边缘的细节，并使非鲜明化平滑的区域变得明显。

# 7.3 应用实例——制作笔记本

### 1．创作目的

前面各节主要介绍了在 CorelDRAW X4 中位图的各种编辑方法与技巧，本节将针对这些知识进行具体的操作练习。本例将制作翻页效果，效果如图 7.3.1 所示。

图 7.3.1　翻页效果

### 2. 创作要点

制作本例时，主要用矩形工具、位图的裁切、位图特效等工具。

### 3. 创作步骤

（1）选择 文件(F) → 新建(N) 命令，新建一个页面，设置文件属性栏属性如图 7.3.2 所示。

图 7.3.2　文件属性栏

（2）选择菜单栏中的 文件(F) → 导入(I)… Ctrl+I 命令，在弹出的 导入 对话框中选择合适的位图图像，然后单击 导入 按钮，将选择的位图导入到页面中，调整合适的图像尺寸，如图 7.3.3 所示。

（3）使用挑选工具选中导入的位图图像，选择菜单栏中的 效果(C) → 调整(A) → 亮度/对比度/强度(I)… 命令，弹出 亮度/对比度/强度 对话框，参数设置如图 7.3.4 所示。

图 7.3.3　导入并调整位图　　　　　图 7.3.4　"亮度/对比度/强度"对话框

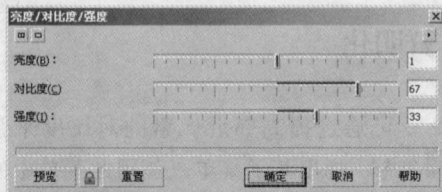

（4）单击 确定 按钮，调整色彩后的效果如图 7.3.5 所示。

（5）选择菜单栏中的 位图(B) → 创造性(V) → 虚光(V)… 命令，在弹出的 虚光 对话框中设置其颜色为绿色，设置其他参数如图 7.3.6 所示。

图 7.3.5　应用散开滤镜后的效果　　　图 7.3.6　"虚光"对话框

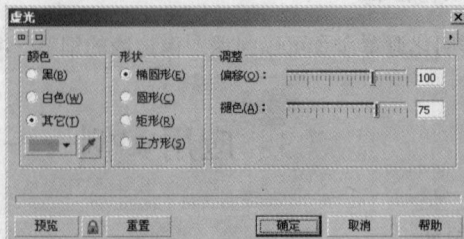

（6）单击 **确定** 按钮，为图形添加虚光效果后效果如图 7.3.7 所示。

（7）单击工具箱中的"文字工具"按钮 **字**，设置其属性如图 7.3.8 所示。

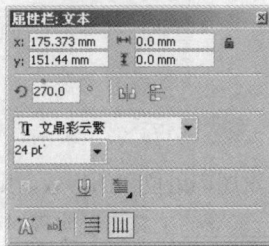

图 7.3.7　虚光效果　　　　　　　图 7.3.8　"文字工具"属性栏

（8）在图像合适位置输入"童年"，调整其位置，效果如图 7.3.9 所示。

图 7.3.9　添加文字效果

（9）单击工具箱中的"艺术笔工具"按钮 **⚲**，在属性栏中设置参数，如图 7.3.10 所示。

图 7.3.10　"艺术笔工具"属性栏

（10）在页面中拖动鼠标绘制所选的图案，效果如图 7.3.11 所示。

（11）按"Ctrl+A"组合键选中全部图形，单击属性栏中的"群组"按钮 **▦**，将全部图形群组。

（12）选择菜单栏中的 **位图(B)** → **三维效果(3)** → **卷页(A)…** 命令，弹出 **卷页** 对话框，参数设置如图 7.3.12 所示。

图 7.3.11　添加喷涂图案　　　　　图 7.3.12　"卷页"对话框

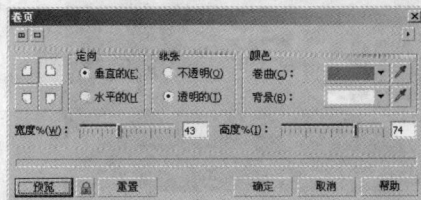

（13）单击 **确定** 按钮，其最终效果如图 7.3.1 所示。

# 本 章 小 结

　　本章主要讲述了 CorelDRAW X4 中有关位图的命令和操作，利用本章知识可以将位图在 CorelDRAW X4 中进行一些基本的处理，并可以对其使用特效，对于矢量图若要使用位图的一些特效，也可将其转换为位图进行编辑操作。

# 习 题 七

## 一、填空题

1. 若要对矢量图应用位图的特效，则必须对该矢量图使用_____命令。

2. 使用_____工具可以实现对位图的裁切。

3. 使用_____功能，可能将位图的某些颜色隐藏起来不予显示。

## 二、选择题

1. CorelDRAW 中可使用位图特效的文件格式有（　）。

    A. GIF 格式　　　　　　　　B. AI 格式

    C. JPEG 格式　　　　　　　　D. CDR 格式

2. 卷页命令是（　）子菜单中的命令之一。

    A. 模糊　　　　　　　　　　B. 杂点

    C. 扭曲　　　　　　　　　　D. 三维特效

## 三、简答题

1. 如何对位图进行颜色的替换？

2. 位图图像与矢量图形的区别是什么？

## 四、上机操作题

1. 绘制一个矢量图并将其转换为位图，再对其使用位图特效。

2. 根据本章所学内容，利用框架工具将素材图片（见题图 7.1（a））制作成如题图 7.1（b）所示的效果。

（a）素材图片

（b）效果图

题图 7.1　效果对比图

# 第 8 章 使 用 文 本

【学习目标】

CorelDRAW X4 是具备专业文字处理和专业彩色排版功能的软件，因此它对文字有很强的编辑和处理能力。本章将重点介绍文本的创建、编辑及文本效果制作的方法。

【学习要点】

★ 文本的基本操作
★ 文本格式的设置
★ 文本的特殊效果

## 8.1　文本的基本操作

在 CorelDRAW X4 中，文本是具有特殊属性的对象，可以对它进行各种编辑操作。下面介绍在 CorelDRAW X4 中处理文本的一些基本操作。

### 8.1.1　文本的类型

在 CorelDRAW X4 中可创建两种类型的文本，即美术字文本与段落文本。它们都是借助工具箱中的文字工具，结合键盘输入的，两者之间可以相互转换，但在使用方法、应用的编辑格式、应用特殊效果等方面有很大的区别。

#### 1．美术字文本

美术字文本主要用于添加特殊效果的题目。在 CorelDRAW X4 中，系统将美术字文本作为一个单独的对象来使用，因此，可以使用各种图形对象的处理方法对其进行修饰。

要创建美术字文本，其具体的操作方法如下：

（1）在工具箱中单击"文本工具"按钮。

（2）将鼠标指针移至绘图区中，鼠标指针变为形状，在绘图区中单击鼠标，可出现闪烁的光标，然后通过键盘输入文字，如图 8.1.1 所示。

图 8.1.1　输入美术字文本

#### 2．段落文本

段落文本常在输入文字较多时使用，与美术字文本相比，当文字较多时，段落文本更易于排版。

以段落文本方式输入的文字，都会包含在文本框内，可以移动、缩放文本框，使它符合版面的需求。段落文本一般常用于报纸、杂志、产品说明、企业宣传册等宣传材料中。

要创建段落文本，其具体的操作方法如下：

（1）在工具箱中单击"文本工具"按钮 字 。

（2）将鼠标指针移至绘图区中，按住鼠标左键拖动，即可创建一个文本框，文本框内左上角处会显示文本插入符号。

（3）通过键盘在文本框中输入文字即可，如图 8.1.2 所示。

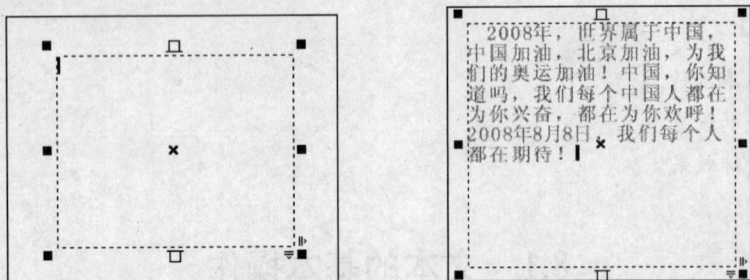

图 8.1.2　输入的段落文本

**3. 将文本复制到其他页面**

使用挑选工具选择编辑好的文本，按"Ctrl+C"键可将所选的文本复制到剪贴板上，然后新建一个图形文件，再按"Ctrl+V"键可将剪贴板中的文本粘贴到新的绘图页面中。

**4. 转换文本**

美术字文本与段落文本的特性不同，但可以相互转换。如果要将段落文本转换为美术字文本，可在选择段落文本后，选择菜单栏中的 文本(T) → 转换到美术字(V) 命令，或按"Ctrl+F8"键，即可将段落文本转换为美术字文本，如图 8.1.3 所示；要将美术字文本转换为段落文本，可在选择美术字后，选择菜单栏中的 文本(T) → 转换到段落文本(V) 命令即可。

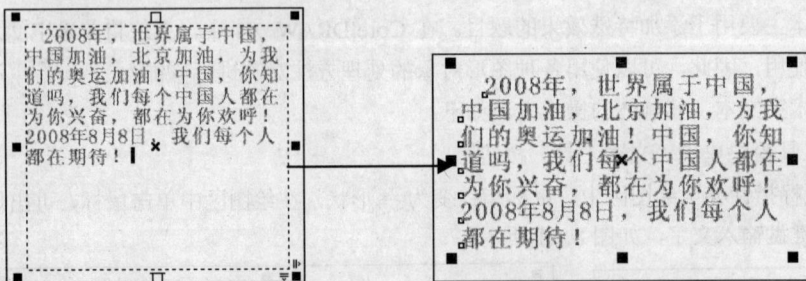

图 8.1.3　将段落文本转换为美术字文本

## 8.1.2　选择文本

在 CorelDRAW X4 中可以使用文本工具、挑选工具、形状工具以及键盘上的"Tab"键来选择文本。

用文本工具选择文本的方式有两种，即选择整个文本或根据需要选择部分文本。选择部分文本时，只须在所要选择的文本处按住鼠标左键拖动至要选择文本的结束处即可，被选择的文本呈现灰色状态，如图 8.1.4 所示。

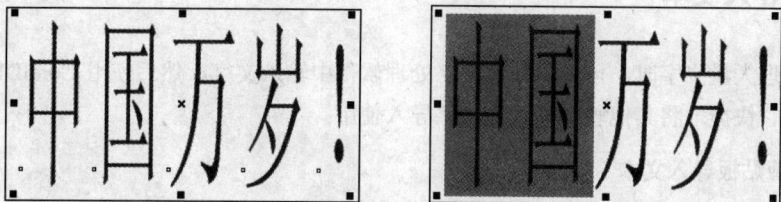

图 8.1.4　使用文本工具选择部分文本

使用形状工具在文本对象上单击即可选择文本，此时，在每一个字符的左下方将出现一个空心的点，用鼠标单击空心点将会使其变成黑色，表示该字符被选中，这个空心点就是字符的节点，如图 8.1.5 所示。

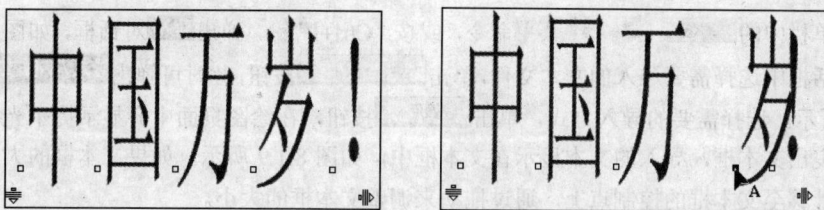

图 8.1.5　用形状工具选择文本

使用挑选工具在美术字或段落文本上单击，即可选择文本，但使用此工具只能选择整个文本，而不能对部分文本进行选择。

## 8.1.3　设置文本字体与字号

设置美术字文本与段落文本的字体与字号的方法相同，可以通过文本工具属性栏进行设置。

### 1.设置文本字体

文字的字体可以在输入文字前设置，也可以在输入文字后设置。在输入文字后设置文本字体的具体操作方法如下：

（1）使用挑选工具选择需要改变字体的文本。

（2）在属性栏中的字体下拉列表 $\boxed{\text{T 宋体　　　　　▼}}$ 中选择一种字体，此时即可改变所选文本的字体，如图 8.1.6 所示。

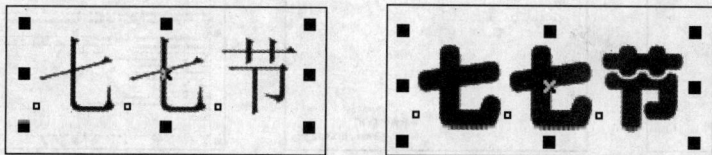

图 8.1.6　改变文本的字体

### 2.设置文本字号

要设置文本的字号，可在输入文本前或选择文本后，在属性栏中的字号下拉列表 $\boxed{24\ \ ▼}$ 中选择所需的字号，或直接在此下拉列表中输入字号，然后按回车键确认。

文字处于选中状态时，将鼠标指针移至其四角的任意一个控制点上，按住鼠标左键拖动，也可以改变文字的大小。

### 8.1.4　导入文本

当需要处理大量文字时，可以在其他文字处理软件中输入文字，然后使用 CorelDRAW X4 中的导入功能方便、快捷地将其他软件输入的文字导入使用。

#### 1．通过剪贴板导入文本

要在 CorelDRAW X4 中导入文本，可先在 Word、WPS 等软件中输入文字，然后选择需要的文本，按 "Ctrl+C" 键复制文本到剪贴板上，在 CorelDRAW X4 中选择文本工具，在绘图页面中需要输入文字的区域单击，然后按 "Ctrl+V" 键将剪贴板中的文本粘贴到指定位置，即可完成文本的导入。

#### 2．通过菜单命令导入文本

选择菜单栏中的 文件(F) → 导入(I)… 命令，或按 "Ctrl+I" 键，弹出 导入 对话框，如图 8.1.7 所示。

在此对话框中选择需要导入的文本文件，单击 导入 按钮，此时可弹出 导入/粘贴文本 对话框，如图 8.1.8 所示。选择需要的导入方式，单击 确定 按钮，在绘图页面中会显示提示光标，按住鼠标左键可拖曳出文本框，导入的文本显示在文本框中，如图 8.1.9 所示。如果文本框的大小不合适，可将鼠标指针移至文本框的控制点上，通过拖动米调整文本框的大小。

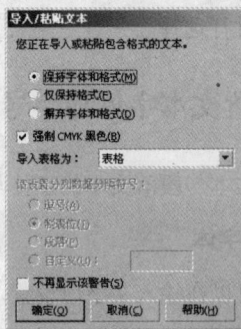

图 8.1.7　"导入" 对话框　　　　　　图 8.1.8　"导入/粘贴文本" 对话框

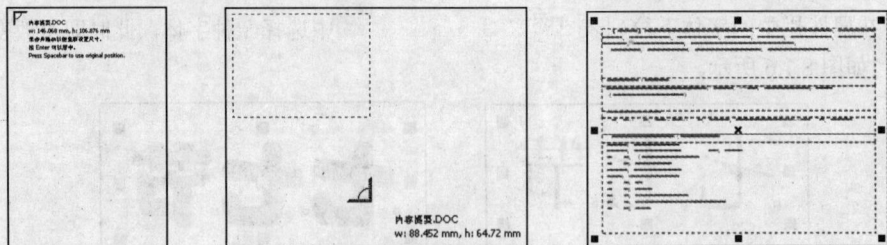

图 8.1.9　导入文本的过程

## 8.2　文本格式的设置

选择菜单栏中的 文本(T) → abI 编辑文本(X)… 　Ctrl+Shift+T 命令，在弹出的 编辑文本 对话框中可实现对文本的编辑，如图 8.2.1 所示。

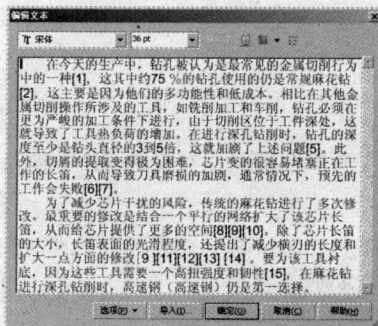

图 8.2.1 "编辑文本"对话框

## 8.2.1 格式化文本

选择菜单栏中的 文本(T) → ✓ 字符格式化(F) Ctrl+T 命令,打开 字符格式化 泊坞窗,在其中显示着设置字符的相关选项参数,如图 8.2.2 所示。

## 8.2.2 对齐文本

单击工具箱中的"水平对齐"按钮,可在其下拉列表中选择对齐方式来实现文本的对齐效果,如图 8.2.3 所示。

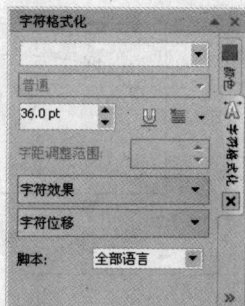

图 8.2.2 "字符格式化"泊坞窗

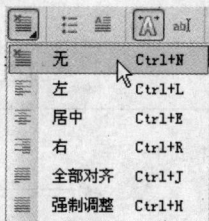

图 8.2.3 水平对齐下拉列表

单击"无"按钮■,文本不产生任何对齐效果。

单击"左"按钮■,将使文本向左对齐。

单击"居中"按钮■,将使文本居中对齐。

单击"右"按钮■,将使文本向右对齐。

单击"全部对齐"按钮■,将使文本向两端对齐。

单击"强制调整"按钮■,将强制使文本全部对齐。

# 8.3 文本的特殊效果

在 CorelDRAW X4 中可对文本进行一些特殊编辑,如使文本适配路径、填入框架和环绕图形等。

### 8.3.1　文本适配路径

文本适配路径的方法如下：

（1）单击工具箱中的"文本工具"按钮 字 ，在视图窗口中输入文本并使用绘制线条工具绘制曲线，如图 8.3.1 所示。

（2）单击工具箱中的"挑选工具"按钮 ，将所绘制的曲线和输入的文本同时选中。

（3）选择 文本(T) → 使文本适合路径(T) 命令即可使文本适配路径，如图 8.3.2 所示。

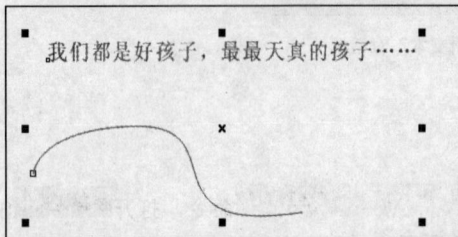

图 8.3.1　输入文本并绘制曲线　　　　　　　　　图 8.3.2　文本适配路径

（4）当文本适配路径后，其属性栏如图 8.3.3 所示。

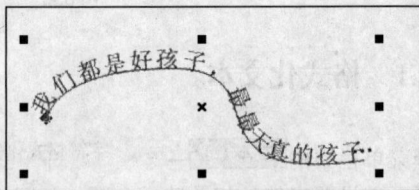

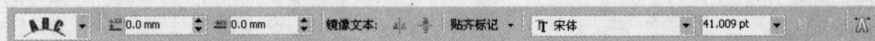

图 8.3.3　"文本适配路径"属性栏

（5）在其属性栏中的 下拉列表中可选择文本放置在路径上的方向，如图 8.3.4 所示。

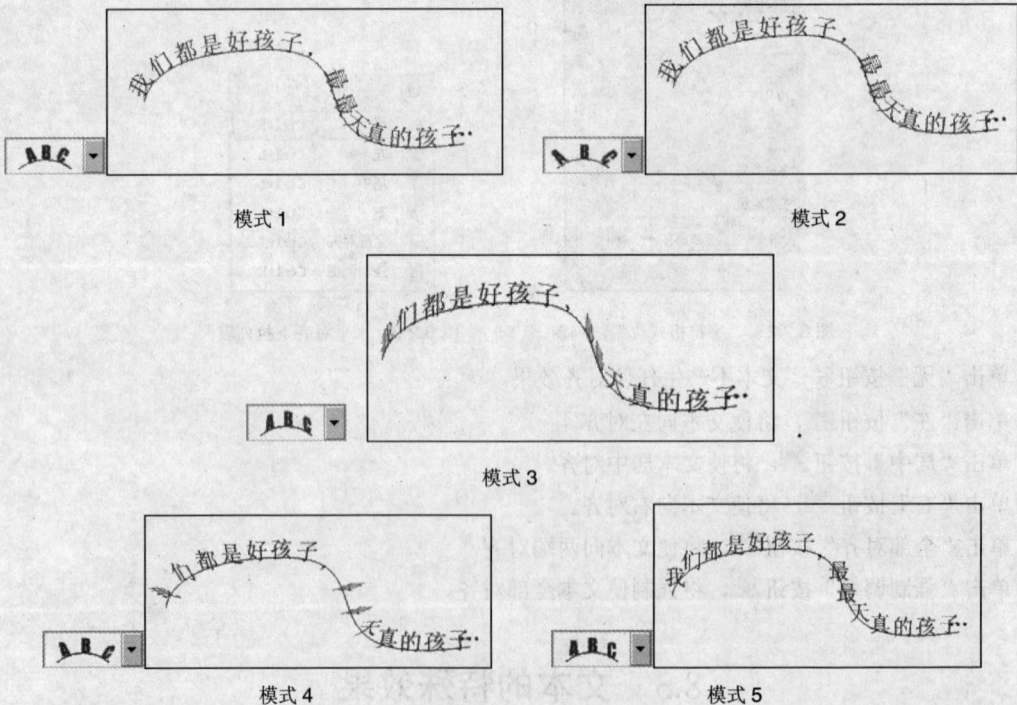

模式 1　　　　　　　　　　　　　　　　　模式 2

模式 3

模式 4　　　　　　　　　　　　　　　　　模式 5

图 8.3.4　更改文本的五种方向

（6）在属性栏的 镜像文本: 区域中单击"水平镜像"按钮 ，可以从左向右翻转文本字符；单击"垂直镜像"按钮 ，可从上向下翻转文本字符，其效果如图 8.3.5 所示。

选择对象

水平镜像

垂直镜像

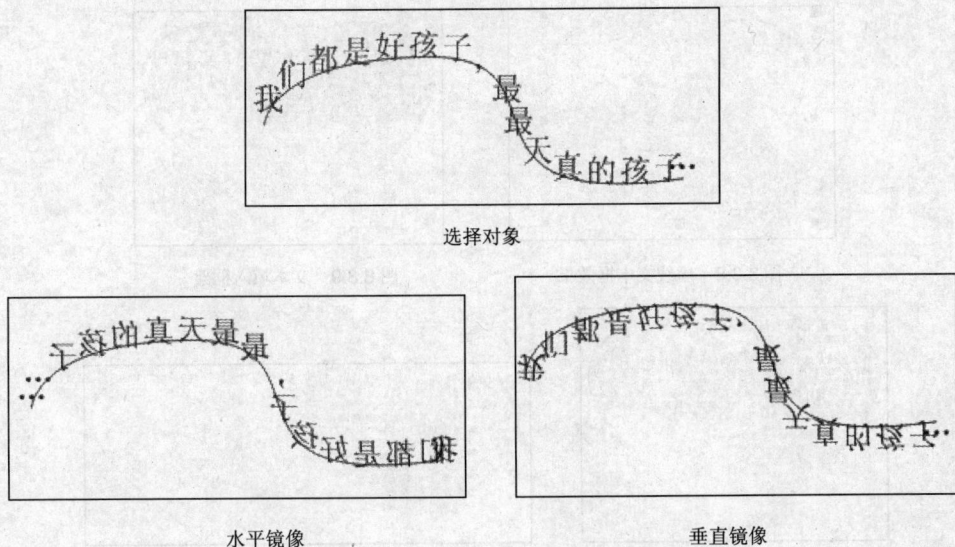

图 8.3.5　镜像适合路径的文本

　　（7）在属性栏中的 [⬚.0 mm ▲▼] 和 [⬚.0 mm ▲▼] 微调框中输入数值，可调整文本和路径在垂直方向和水平方向上的距离。

　　（8）CorelDRAW X4 将适合路径的文本视为一个对象，如果不需要使文本成为路径的一部分，也可以将文本与路径分离，且分离后的文本将保持它所适合于路径时的形状。使用挑选工具选择路径和适合的文本，选择菜单栏中的 [排列(A)] → [⬚ 折分 在一路径上的文本 于 图层 1(B)　　　Ctrl+K] 命令，即可拆分文本与路径，如图 8.3.6 所示。

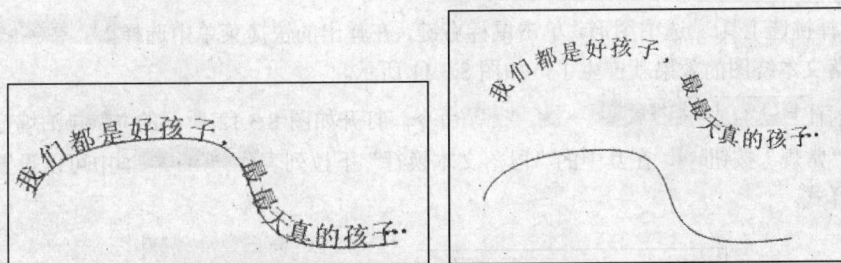

图 8.3.6　将文本与路径分离

## 8.3.2　文本填入框架

　　文本填入框架的方法如下：

　　（1）在视图窗口中创建图形对象，如图 8.3.7 所示。

　　（2）单击工具箱中的"文本工具"按钮 [字]，将鼠标移动到图形对象内边缘，当光标呈 $^{I}$⊞ 形状时，单击鼠标可在图形对象内边缘产生一个虚线文本框，并有闪烁的光标，如图 8.3.8 所示。

　　（3）在该虚线文本框中输入需要的文字，如图 8.3.9 所示。

　　（4）选择 [排列(A)] → [⬚ 折分] 命令，可将图形对象和文本分隔，如图 8.3.10 所示。

图 8.3.7　创建图形

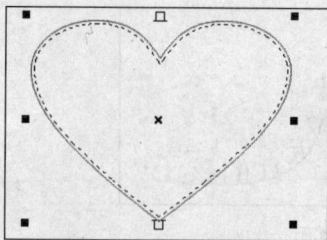

图 8.3.8　虚线文本框效果

图 8.3.9　文本填入框架

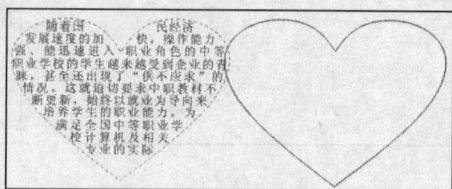

图 8.3.10　将图形对象和文本分隔

### 8.3.3　段落文本环绕图形

段落文本绕图是常用的一种文本编排方式，其操作方法如下：

（1）在工具箱中选择文本工具 字 ，然后在绘图页中创建段落文本。

（2）选择 文件(F) → 🗁 打开(O)… 命令打开矢量图，或选择 文件(F) → 🖼 导入(I)… 命令导入位图。

（3）选择挑选工具 ➘ 选中图形，单击鼠标右键，在弹出的快捷菜单中选择 段落文本换行(W) 命令，这样段落文本绕图的效果就产生了，如图 8.3.11 所示。

（4）选择 窗口(W) → 泊坞窗(D) → ✔ 属性(I) 命令，打开如图 8.3.12 所示的 对象属性 泊坞窗。单击该泊坞窗中的"常规"按钮 □ ，在其中的"段落文本换行"下拉列表 无 中可以设置段落文本环绕图表的样式。

图 8.3.11　段落文本绕图

图 8.3.12　"对象属性"泊坞窗

### 8.3.4　美术文字转换为曲线

前面学习过将图形对象转换为曲线后，可以对其进行曲线的操作，如删除、添加、移动节点等操作，从而实现改变其形状的目的，对于文字也可以将其转换为曲线，其方法如下：

（1）创建美术文字，并将其选中。

（2）选择 排列(A) → ⊙转换为曲线(V) 命令，可将该文本转换为曲线。

（3）单击工具箱中的"形状工具"按钮 ，对文字进行编辑，如图 8.3.13 所示。

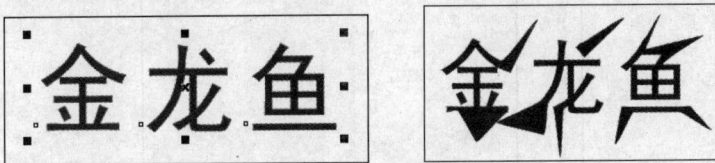

图 8.3.13　美术文字转换为曲线

# 8.4　应用实例——制作"旗帜"效果

## 1．创作目的

本例将制作"旗帜"效果，制作过程中主要用到文本工具、矩形工具、填充工具以及渐变填充工具等，其最终效果如图 8.4.1 所示。

图 8.4.1　旗帜效果

## 2．创作要点

熟悉文字工具的应用。

## 3．创作步骤

（1）新建文件，单击工具箱中的"矩形工具"按钮 ，绘制矩形对象，如图 8.4.2 所示。

（2）设置其轮廓线为"无"，选择工具箱中的"渐变填充工具"按钮 ，弹出"渐变填充"对话框，设置其渐变为"40%黑—10%黑"，设置其他属性如图 8.4.3 所示。

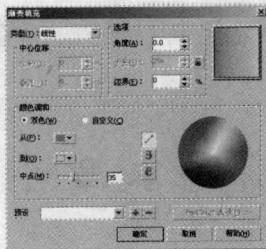

图 8.4.2　绘制矩形　　　图 8.4.3　"渐变填充"对话框

（3）单击 确定 按钮，为矩形填充颜色，效果如图 8.4.4 所示。

（4）单击工具箱中的"标题形状工具"按钮 ，在图中合适位置绘制旗帜，如图 8.4.5 所示。

图 8.4.4　填充矩形　　　　　　　图 8.4.5　绘制旗帜

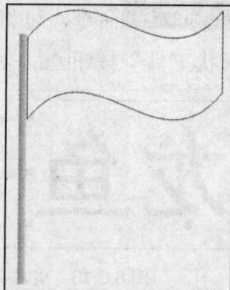

（5）单击右侧颜色调色板的红色色块，填充效果如图 8.4.6 所示。

（6）单击工具箱中的"贝塞尔工具"按钮 ，沿旗帜中心线绘制曲线，效果如图 8.4.7 所示。

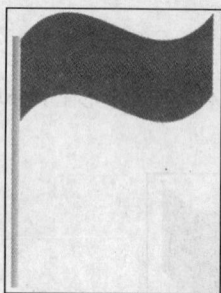

图 8.4.6　填充旗帜　　　　　　　图 8.4.7　绘制曲线

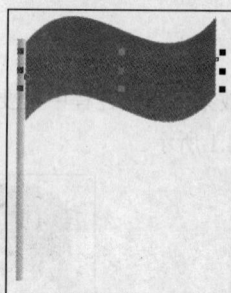

（7）单击工具箱中的"文本工具"按钮 ，当鼠标接近曲线时光标变为 形状，单击鼠标输入文字，效果如图 8.4.8 所示。

（8）更改文字属性栏参数，如图 8.4.9 所示。

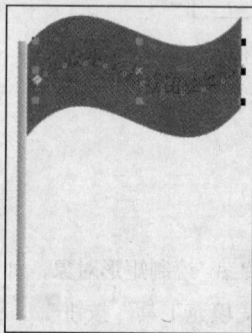

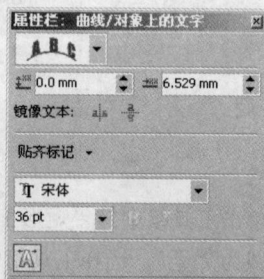

图 8.4.8　输入文字　　　　　　　图 8.4.9　填充后效果

（9）选择 排列(A) → 折分 在一路径上的文本 于 图层 1(B) 命令，将文字与曲线拆分开，删除曲线，最终效果如图 8.4.1 所示。

# 本 章 小 结

本章主要介绍了文本的创建和编辑方法以及一些文字特殊效果的制作方法。通过本章的学习，用户应该熟练掌握 CorelDRAW X4 文字处理和排版的方法。

# 习 题 八

## 一、填空题

1. 在 CorelDRAW X4 中可以创建两种类型的文本，即 _____文本与_____文本。

2. 当美术字文本转换为曲线对象以后就不再具有_____属性了，而是一个_____图形。

3. 当_____或者是_____的情况不能将段落文本转换成美术字文本。

4. 以_____方式输入的文字，都会包含在文本框内，可以移动、缩放文本框，使它符合版面的需求。

5. 使用_____功能，可以将美术字文本沿着指定的对象（如曲线、椭圆、矩形以及多边形等）排列。

## 二、选择题

1. 使用（　）功能可以使段落文本绕对象的外框排列。

    A．文本环绕图形 　　　　　B．文本适合路径

    C．对齐基准 　　　　　　　D．文本适全框架

2. 使用（　）功能可以将美术字文本沿着指定的开放对象或闭合对象排列。

    A．文本适合路径 　　　　　B．文本适合框架

    C．文本绕图 　　　　　　　D．精确剪裁

3. 使用（　）工具可以方便地调整文本的间距。

    A．形状 　　　　　　　　　B．挑选

    C．文本 　　　　　　　　　D．手绘

4. 按（　）键可以快速地将美术字文本转换成段落文本。

    A．Ctrl+Q 　　　　　　　　B．Ctrl+B

    C．Ctrl+O 　　　　　　　　D．Ctrl+F8

## 三、上机操作题

1. 按照本章提供的实例制作扩边字和银字。

2. 试着制作如题图 8.1 所示的文字效果。

题图 8.1　文字效果

# 第 9 章 打 印 输 出

【学习目标】

在 CorelDRAW X4 中设计好作品后，可以通过打印机输出作品。本章主要介绍在 CorelDRAW X4 中打印作品的方法。

【学习要点】

★ 打印设置
★ 打印预览
★ 打印文档
★ 商业印刷

## 9.1　打印设置

在使用打印机打印文档之前，需要对打印机的型号以及其他打印事项进行正确的设置。不同的打印作业要求设置不同的打印介质、介质大小与打印类型等。

### 9.1.1　打印机属性的设置

在 打印设置 对话框中可以选择适当的打印机，也可观察打印机的状态、类型与端口位置。

如果需要打印的图形不能按照系统默认的设置来进行打印，那么就必须通过"打印机属性"对话框进行设置。打印机的设置与具体的打印机有关。

### 9.1.2　纸张设置选项

选择菜单栏中的 文件(F) → 打印设置(U)… 命令，弹出 打印设置 对话框，如图 9.1.1 所示。

在此话框中显示了打印机的相关信息，如打印机的名称、状态与类型等。单击 属性(P) 按钮，默认状态下，可弹出如图 9.1.2 所示的对话框。

图 9.1.1　"打印设置"对话框　　　　图 9.1.2　设置"打印机属性"对话框

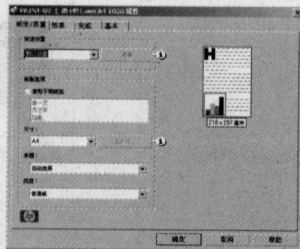

在 纸张选项 选项区中包含着用来设置打印机纸张属性的相关选项，如纸张尺寸、纸张来源与纸张

类型，用户可根据实际进行设置。

**1. 纸张尺寸**

纸张尺寸直接影响了"打印机属性"对话框的设置，系统默认为 A4 纸，大小为 210 毫米×297 毫米。

**2. 纸张来源**

来源：下拉列表框可用来指定打印时的送纸方式，一般使用系统默认的自动送纸方式。

**3. 介质类型**

类型：下拉列表框显示的是打印机支持的打印介质，如普通纸、卡片纸、信纸等。

# 9.2 打 印 预 览

在进行打印之前，打印预览是十分重要的。尤其是对没有把握的打印设置，最好先进行打印预览，查看一下结果，这对于大批量打印文件也很重要。在打印之前进行打印预览可以及时修改作品，提高整体的工作效率，以避免造成纸墨浪费。

## 9.2.1 预览打印作品

可以使用全屏"打印预览"来查看作品被送到打印设备以后的确切外观。"打印预览"显示出图像在打印纸上的位置与大小。如果设置，还会显示出打印机标记，如裁剪标记和颜色校准栏等。还可以手动调整作品大小及位置，为了能更精确地预览到作品最终的外观，可以使用视觉帮助，例如边界框，它显示了待打印图像的边缘。

预览打印作品的具体操作如下：

（1）选择菜单栏中的 文件(F) → 打印预览(R)… 命令，即可进入如图 9.2.1 所示的打印预览窗口。

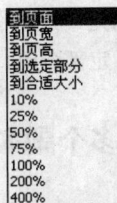

（2）单击"打印样式另存为"按钮 ，可将当前预览框中的对象另存为一个新的打印类型。

（3）单击"打印选项"按钮 ，可弹出 打印选项 对话框，在此对话框中可具体设置打印的相关事项。

（4）单击 到页面 下拉列表框，可弹出如图 9.2.2 所示的下拉列表，从中可以选择不同的缩放比例来预览打印。

图 9.2.1 "打印预览"窗口　　　　图 9.2.2 "缩放级别"下拉菜单

（5）单击"满屏"按钮▦，可将打印的对象满屏预览。

（6）单击"启用分色"按钮▦，可将打印的对象分成四色打印。

（7）单击"反色"按钮▦，可将打印预览的对象以底片的效果打印。

（8）单击"镜像"按钮▦，可将打印的对象镜像打印出来。

（9）单击"关闭打印预览"按钮▦，可关闭打印预览窗口，返回到正常的视图状态。

### 9.2.2　调整大小和定位

在"打印预览"窗口中，可用下面的方法手动调整打印图像的大小：

（1）选择工具箱中的挑选工具。

（2）用挑选工具选择图形，图形上可出现 8 个控制点（此时选择的是整个绘图页面中的内容）。

（3）将光标移到控制点处时，光标变为双箭头形状，此时便可以调整所选图形的大小。

（4）拖动鼠标，可移动图形在打印页面中的位置。

当页面中含有位图时，更改图像大小要小心，如果要放大图像，则位图可能会呈现出锯齿状。

### 9.2.3　自定义打印预览

更改预览图像的质量，可以加快打印预览的重绘速度，还可以指定预览的图像是彩色图像还是灰度图像。

选择菜单栏中的 查看(V) → 颜色预览(C) 命令，可弹出其子菜单，如图 9.2.3 所示。从中选择 彩色(C) 命令，图像即显示为彩图；选择 灰度(G) 命令，图像可显示为灰度图。默认的设置是 自动（模拟输出）(A)，它可根据所用打印机的不同而显示为灰度或是彩色图像。

在"打印预览"窗口中，选择菜单栏中的 查看(V) → 显示图像(I) 命令，此时图像将由一个框来表示，如图 9.2.4 所示。

图 9.2.3　颜色预览子菜单　　　　　图 9.2.4　图像显示为灰色

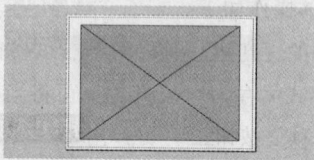

# 9.3　打　印　文　档

当设置好打印机属性，并使预览效果满意后，就可以打印作品了。打印到纸张或底片后，便可进行印刷。如果打印的是一般的图像，直接单击工具栏中的"打印"按钮▦即可。但如果需要打印多页文档或打印文档指定部分时，就要更多地设置打印选项。

### 9.3.1　打印多个副本

如果要将一幅作品，例如名片、标签之类的小东西在同一张纸上打印多个，就需要设置页面格式。

　　如果把页面格式与一种已经在一张纸上放了几个绘图页面（如折叠卡片）的拼版样式一起命名时，图像将被放在一个图文框中当做一个绘图对象使用。

　　要选择并使用页面格式，其具体操作如下：

　　（1）选择菜单栏中的 文件(F) → 打印预览(R)… 命令，可进入"打印预览"窗口，在工具箱中单击"版面布局工具"按钮 ，其属性栏如图 9.3.1 所示。

　　（2）在属性栏中设置拼版格式。在属性栏中单击编辑内容下拉列表框 编辑基本设置 ，可从弹出的下拉列表中选择 编辑基本设置 选项，然后在属性栏中的交叉/向下页数输入框 中输入数值，即可设置页面格式的每个拼版，如图 9.3.2 所示。

图 9.3.1　"版面布局工具"属性栏　　　　图 9.3.2　设置页面格式

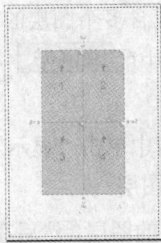

　　（3）此时，在预览窗口中单击"打印"按钮 ，可将设置页面格式后的所有放置在绘图页面中的版面依次打印到一张纸上。

　　（4）在如图 9.3.2 所示的页面格式中可以看到，可在一张纸上打印 4 张文档。但还有很大一部分页边可以利用，因此，就可以增加打印文本的数量，只需要在属性栏的交叉/向下页数输入框 中调整数值即可。

## 9.3.2　打印大幅作品

　　如果要打印的作品比打印纸大，可以把它"平铺"到几张纸上，然后把各个分离的页面组合在一起，以构成完整的图像作品。其操作步骤如下：

　　（1）选择菜单栏中的 文件(F) → 打印(P)… 命令，弹出 打印 对话框，在此对话框中打开 版面 选项卡，如图 9.3.3 所示。

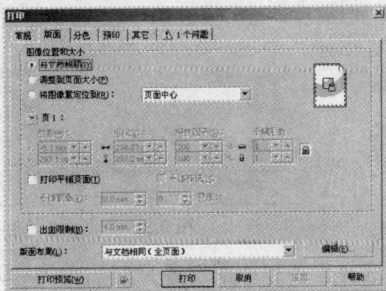

图 9.3.3　"版面"选项卡

　　（2）选中 ☑打印平铺页面(T) 复选框，在 平铺重叠(V): 微调框中可输入数值或页面大小的百分比，并指定平铺纸张的重叠程度。

　　（3）然后单击 打印 按钮，即可开始打印，也可单击 打印预览(W) 按钮，进入"打印预览"窗口查看结果。在预览窗口中将光标移向页面，可观察打印作品的重叠部分及所需要使用的纸张数目。

### 9.3.3　指定打印内容

可以打印指定的页面、对象以及图层，通过在对象管理器中选择可打印图标即可，也可指定打印的数量以及是否将副本排序。排序对于打印多页文档是非常有用的。

**1. 打印指定的图层**

如果创建的图像具有多个图层，而有时候需要打印的只是单独的图层，可通过对象管理器来打印指定的图层。其具体操作如下：

（1）打开一幅包含多个图层的需要打印的对象。

（2）选择菜单栏中的 窗口(W) → 泊坞窗(D) → 对象管理器(N) 命令，可弹出 对象管理器(N) 泊坞窗，如图 9.3.4 所示。

（3）在该泊坞窗中单击"显示对象属性"按钮 与"跨图层编辑"按钮 ，可显示出该图形对象中所包含的每一个图层。

（4）选择要打印的图层，然后在泊坞窗中单击打印机图标 ，使其以高亮显示，表示选定打印。

（5）单击工具栏中的"打印"按钮 ，可弹出 打印 对话框，打开 常规 选项卡，选中 选定内容(S) 单选按钮，再单击 打印 按钮，即可打印所选的图层内容。

**2. 指定打印对象的类型**

在 CorelDRAW 中，不但可以指定打印图形中的一个图层（在对象管理器中设置），还可以指定打印对象的类型，例如可以选择只打印矢量图或文本等。其具体的方法如下：

（1）在"打印预览"窗口中，单击属性栏中的"打印选项"按钮 ，可弹出 打印选项 对话框，此对话框中的设置与 打印 对话框完全相同。

（2）打开 其它 选项卡，可显示出此选项中的参数，如图 9.3.5 所示。

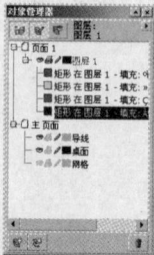

图 9.3.4　"对象管理器"泊坞窗　　　　　　图 9.3.5　"其他"选项卡

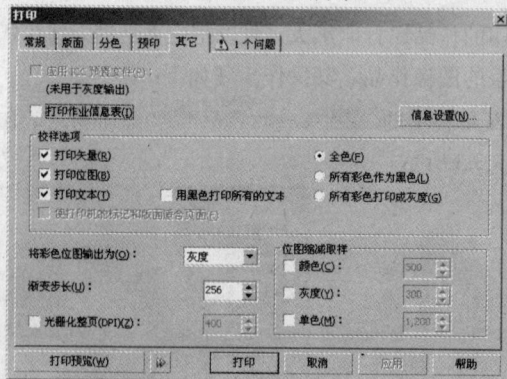

（3）在 校样选项 选项区中可选择需要打印的对象，然后单击 确定 按钮，即可按所选的类型进行打印。

### 9.3.4　分色打印

分色打印主要用于专业的出版印刷，如果给输出中心或印刷机构提交了彩色作品，那么就需要创建分色片。

由于印刷机每次只在一张纸上应用一种颜色的油墨，因此分色片是必不可少的。分色片是通过将图像中的各颜色分离成印刷色或专色来创建的，再用每一种颜色的分色片来制作一张胶片，又在每一张胶片上使用一种颜色的油墨，这样才能最终印刷成彩色作品。

CorelDRAW 可支持一种新型的印刷色，称为"六色度图版"。"六色度图版"使用 6 种不同的颜色（青色、品红、黄色、黑色、橙色与绿色）的油墨来产生全色图像。如果需要使用六色度图版，还要咨询印刷输出中心是否支持使用六色度图版。

彩色作品可以分离为印刷四色分色片，即 CMYK。分离四色片的步骤如下：

（1）选择菜单栏中的 文件(F) → 🖶 打印(P)… 命令，弹出 **打印** 对话框，打开 分色 选项卡，可显示出相应的参数，如图 9.3.6 所示。

（2）选中 ☑ 打印分色(S) 复选框，单击 应用 按钮，此时将会把作品分为青色、洋红、黄色与黑色分色片。

也可单击 打印预览(W) 按钮，在打印预览窗口中查看分色片。

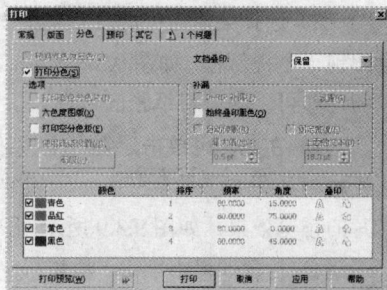

图 9.3.6  "分色"选项卡

当打印作品中包含有专色时，选中 ☑ 打印分色(S) 复选框，可为每一个专色创建一个分色片。如果使用的专色大于 4 个，可以将它们转换为印刷色，以节约印刷成本。

## 9.3.5  设置印刷标记

在 CorelDRAW 中可以对打印作品设置印刷标记，这样可以将颜色校准、裁剪标记等信息输送到打印页面，以利于在印刷输出中心校准颜色和裁剪。

选择菜单栏中的 文件(F) → 🖶 打印(P)… 命令，弹出 **打印** 对话框，打开 预印 选项卡，可显示出相应的参数，如图 9.3.7 所示。

在 纸张/胶片设置 选项区中，可指定以负片形式打印以及设置胶片的感光面是否向下。

在 文件信息 选项区中，可在打印作品底部设置打印文件名、当前日期、时间以及应用的平铺纸张数与页码。

在 裁剪/折叠标记 选项区中选中 ☑ 裁剪/折叠标记(M) 复选

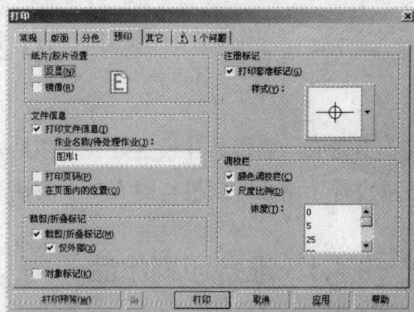

图 9.3.7  "预印"选项卡

框，可以将裁剪和折叠页面的标记打印出来；选中 ☑ 仅外部(X) 复选框，在打印时只打印图像外部的裁剪/折叠记号。

在 注册标记 选项区中，可以设置在每一张工作表上打印出套准标记，这些标记可用做对齐分色片的指引标记。

在 调校栏 选项区中有两个选项，选中 ☑ 颜色调校栏(C) 复选框，将在作品旁边打印出包含 6 种基本颜色的颜色条（红、绿、蓝、青、品红、黄），这些颜色条用于校准打印输出的质量；选中 ☑ 尺度比例(D) 复选框，可以在每个分色工作表上打印密度计刻度，它允许称为密度计的工具来检查输出内容的精确性和一致性。

单击 打印预览(W) 按钮，即可在绘图区看到以上的这些设置。

### 9.3.6　拼版

拼版样式决定了如何将打印作品的各页放置到打印页面中。例如，要将制作的三折页输出到打印机，以适合折叠需要时，就要用到拼版。只要依次执行下面的步骤，就可以正确打印了：

（1）打开文件（文件为自定义大小、横向，而当前打印纸为 A4，方向为竖向）。

（2）选择菜单栏中的 文件(F) → 打印预览 (R)…命令，如果此时打印机的进行方向是纵向的，则会出现一个提示框，如图 9.3.8 所示。单击 否(N) 按钮，即可自动调整打印纸的方向；单击 是(Y) 按钮，即可手动调整纸张的方向。

（3）在此，可单击 是(Y) 按钮，在"打印预览"窗口中单击"版面布局工具"按钮，在其属性栏中的 如在文档中(全页面) ▼ 下拉列表中选择 三折卡片 选项，即可在预览窗口中显示出三折卡片的预览效果，如图 9.3.9 所示。

（4）在属性栏中单击"模板/文档预览"按钮，可以在看到模板的同时观察绘图的位置及打印方向。

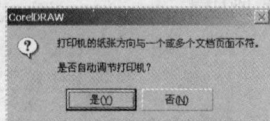

图 9.3.8　提示框

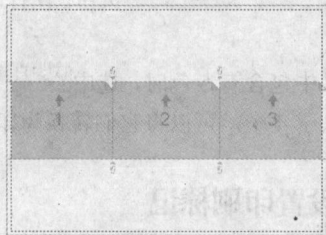

图 9.3.9　预览三折卡片的拼版效果

# 9.4　商 业 印 刷

当完成一幅作品并设置好各选项后，在进行商业印刷或交付彩色输出中心时，需要把作品印刷的各项设置让商业印刷机构的人员了解清楚，以便让他们做出最后的鉴定，估计存在的问题并进行解决。

### 9.4.1　准备印刷作品

商业印刷机构需要用户提供.PRN，.CDR，.EPS 文件，存储到文件时应该注意这一点，同时，要提供一份最后的文件信息给商业印刷机构。

#### 1. PRN 文件

如果能全权控制印前的设置，可以把打印作品存储为.PRN 文件。商业打印机构直接把这种打印文件传送到输出设备上，将打印作品存储为.PRN 文件时，还要附带一张工作表，上面标出所有指定的印前设置。

#### 2. CDR 文件

如果没有时间或不知道如何准备打印文件，可以把打印作品存储为.CDR 文件，只要商业打印机构配有 CorelDRAW 软件，就可以使用印前设置进行印刷。

## 3. EPS 文件

有些商业打印机构能够接受.EPS 文件（如同从 CorelDRAW 中导出一样），输出中心可以把这类文件导入其他应用程序，然后进行调整并最后印刷。

使用配备彩色输出中心向导，可以指导用户为彩色输出中心准备文件。如果商业印刷机构的彩色输出中心提供了输出中心预置文件，应用该向导会非常有效。预置文件是使用为输出中心预置文件的向导创建的，输出中心包括了设置打印作为形势发展所需的所有信息，以正确完成印刷作品。

选择菜单栏中的 文件(F) → 为彩色输出中心做准备 命令，可弹出 配备"彩色输出中心"向导 提示框，如图 9.4.1 所示，按照向导的提示，可以一步步地完成印刷文件的准备工作。

## 9.4.2　打印到文件

如果需要将.PRN 文件提交到商业输出中心以便在大型照排机上输出，就需要把作业打印到文件。当要打印到文件时，需要考虑以下几点：

（1）打印作业的页面（如文档制成的胶片）应当比文档的页面（即文档自身）大，这样才能容纳打印机的标记。

（2）照排机在胶片上产生图像，这时胶片通常是负片，所以在打印到文件时可以设置打印作品产生负片。

（3）如果使用 PostScript 设备打印，那么可以使用.JPEG 来压缩位图，以使打印作品更小。

打印到文件的具体操作如下：

（1）选择菜单栏中的 文件(F) → 打印(P)… 命令，弹出 打印 对话框，设置其参数如图 9.4.2 所示。

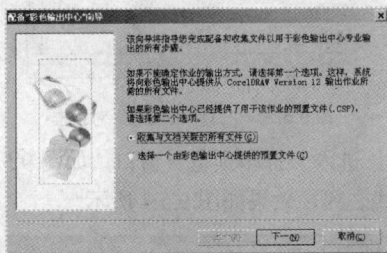

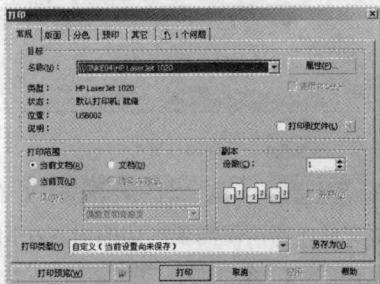

图 9.4.1　提示框　　　　　　　　　图 9.4.2　"打印"对话框

（2）选中 ☑ 打印到文件(L) 复选框，单击 打印 按钮，可弹出 打印到文件 对话框，如图 9.4.3 所示。

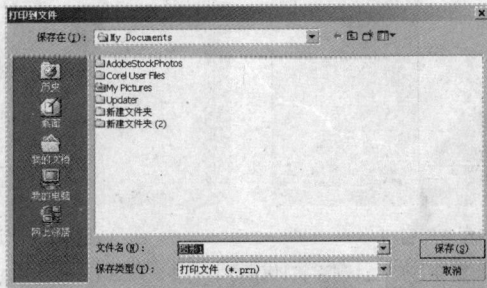

图 9.4.3　"打印到文件"对话框

在 文件名(N): 下拉列表框中可输入文件名称，相应的扩展名为.PRN。

# 9.5　应用实例——打印文件

**1．创作目的**

本例将简述打印文件的一般步骤，主要用到打印预览，打印设置以及打印命令，要求掌握在 CorelDRAW 中打印文件的一般方法。

**2．创作要点**

熟悉在 CorelDRAW 中的打印知识，能够打印一般文件。

**3．创作步骤**

（1）选择 文件(F) → 📂 打开(O)…　　Ctrl+O 命令，弹出"打开"对话框，选择所需要的图形。

（2）选择 文件(F) → 打印设置(U)… 命令，选择要打印的打印机，如图 9.5.1 所示。

（3）单击 属性(P) 按钮，在弹出的对话框中设置打印的纸张大小和页数，如图 9.5.2 所示。

图 9.5.1　"打印设置"对话框　　　　　　图 9.5.2　"打印机属性"对话框

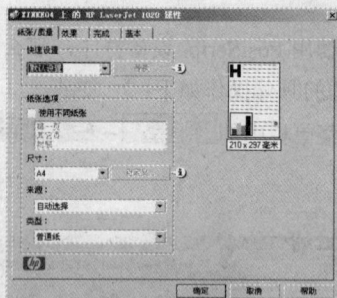

（4）选择 文件(F) → 🔍 打印预览(R)… 命令，进入"打印预览"窗口，如图 9.5.3 所示。

（5）调整文件内容，使需要打印的内容在出血线之内，效果如图 9.5.4 所示。

图 9.5.3　"打印预览"窗口　　　　　　　　图 9.5.4　调整打印内容

（6）调整完成后，选择 文件(F) → 现在打印该页(T)　　Ctrl+I 命令，可直接打印该页。如果还需继续编辑则选择 关闭打印预览(C)　　Alt+C 命令，回到编辑页面。

# 本 章 小 结

　　本章主要介绍将设计好的作品打印出来的方法与技巧，包括文档的打印设置、预览、输出以及商业印刷等。通过本章的学习，用户应该学会打印作品。

# 习　题　九

## 一、填空题

1．打印命令的快捷键是_____。

2．在打印预览窗口中现在打印该页命令的快捷键是_____。

3．打印一个文件一般要经过_____和_____两个步骤。

4．在进行打印作品之前，_____是十分重要的。

5．在打印预览窗口中单击⊞按钮，可将打印的对象进行_____。

6．在打印预览窗口中单击✚按钮，可将打印设置进行_____。

## 二、选择题

1．在"打印"对话框中的副本选项中可设置打印的（　　）。

    A．份数　　　　　　　　　　　　　B．个数

    C．数量　　　　　　　　　　　　　D．内容

2．文件（　　）是导出文件的主要方式之一。

    A．打印　　　　　　　　　　　　　B．预览

    C．设计　　　　　　　　　　　　　D．创意

3．打印命令的快捷键是（　　）。

    A．Ctrl+P　　　　　　　　　　　　B．Ctrl+C

    C．Ctrl+X　　　　　　　　　　　　D．Ctrl+V

4．在打印预览窗口，单击（　　）按钮，表示启用打印图像的分色效果。

    A．▦　　　　　　　　　　　　　　B．▦

    C．▦　　　　　　　　　　　　　　D．E

## 三、简答题

1．在 CorelDRAW X4 中打印文件时怎样设置可以一次打印多份文件？

2．在 CorelDRAW X4 中如何对指定的图层进行打印？

3．输入图像有哪几种方法？

4．如何进行打印设置？

5．"打印"对话框中包括哪几个选项卡？

## 四、上机操作题

1．打开一个 cdr 文件，用打印机打印出来。

2．在 CorelDRAW X4 中制作一个包含多页面的文档，练习对其进行打印预览并打印。

# 第10章  行业应用实例

【学习目标】

本章通过制作 4 个行业应用实例来巩固前面所学的知识。

【学习要点】

★ 招贴广告设计
★ 包装展开图设计
★ 名片设计
★ 封面设计

## 10.1  招贴广告设计

【实现目标】

本例将制作招贴广告，最终效果如图 10.1.1 所示。

图 10.1.1  最终效果图

【设计思路】

本实例主要运用了椭圆形工具、文本工具、艺术笔工具以及填充工具等。

【操作步骤】

（1）选择菜单栏中的 文件(F) → 新建(N)  Ctrl+N 命令，新建文件，设置其页面大小为 "A4"，页面方向为 "横向"。

（2）单击工具箱中的 "矩形工具" 按钮 ，绘制一个 "297 mm×210 mm" 的矩形，单击右侧的颜色调色板中的 "橘红色" 色块，为矩形填充颜色，按 "P" 键将矩形页面居中，效果如图 10.1.2 所示。

（3）按住鼠标左键从标尺向外拖出辅助线，分别放置于矩形端点、中点、四分之一点处，效果如图 10.1.3 所示。

图 10.1.2 绘制矩形

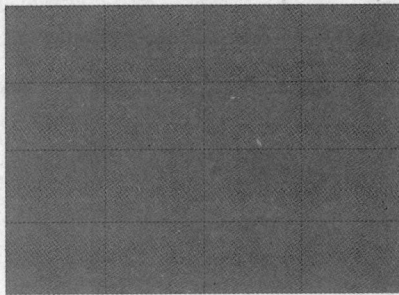

图 10.1.3 添加辅助线

（4）单击工具箱中的"贝塞尔工具"按钮，以矩形的端点、中心点和四分之一点为端点绘制三角形，并填充为"黄色"，效果如图 10.1.4 所示。

（5）重复步骤（4）的操作绘制其他图形，使其效果如图 10.1.5 所示。

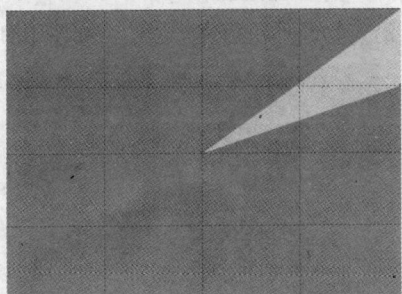

图 10.1.4 绘制三角形

图 10.1.5 绘制其他色块

（6）单击工具箱中的"椭圆形工具"按钮，绘制椭圆并将其填充为"白色"，效果如图 10.1.6 所示。

（7）单击工具箱中的"交互式透明工具"按钮，设置其透明模式为"标准"，透明度为"50"，效果如图 10.1.7 所示。

图 10.1.6 绘制椭圆

图 10.1.7 透明效果

（8）单击工具箱中的"矩形工具"按钮，绘制一个长为"297 mm"、宽为"210 mm"的矩形，设置其轮廓线颜色为"黑色"，轮廓线宽度为"2.5 mm"，按"P"键使其页面居中，效果如图 10.1.8 所示。

（9）单击工具箱中的"交互式轮廓图工具"按钮，设置其属性栏及效果如图 10.1.9 所示。

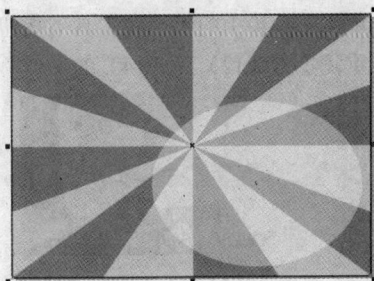

图 10.1.8 绘制轮廓线

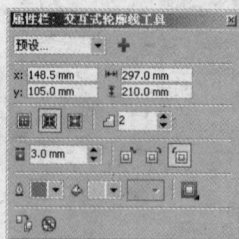

"交互式轮廓线工具"属性栏　　　　　　　　　　轮廓图效果

图 10.1.9　属性设置及效果图

（10）按"Ctrl+A"键选中所有图形，单击属性栏中的"群组"按钮，将图形群组。

（11）单击属性栏中的"导入"按钮，导入图片，如图 10.1.10 所示。

（12）单击工具箱中的"贝塞尔工具"按钮，沿人物的外轮廓进行描边，如图 10.1.11 所示。

图 10.1.10　导入图片　　　　　　图 10.1.11　沿人物外轮廓进行描边

（13）选择　窗口(W)　→　泊坞窗(D)　→　造形(P)　命令，在"造形"泊坞窗中选择 相交 选项，选择"保留原件"中的"目标对象"，单击 相交 按钮后再单击导入的图形，效果如图 10.1.12 所示。

图 10.1.12　相交效果

（14）单击工具箱中的"形状工具"按钮，调整细节使抠图更精确，效果如图 10.1.13 所示。

（15）重复步骤（12）～（14）的操作，对图中的比萨饼进行抠图，效果如图 10.1.14 所示。

图 10.1.13　对图形进行精确调整　　　　图 10.1.14　抠图效果

（16）选中人物图像将其水平翻转，将比萨饼和人物调整图形至如图 10.1.15 所示的位置。

（17）单击工具箱中的"艺术笔工具"按钮 ，为图形添加艺术笔效果，设置其参数如图 10.1.16 所示。

图 10.1.15　调整图形位置　　　　　　　图 10.1.16　"艺术笔工具"属性栏

（18）选择 排列(A) → 折分 艺术笔 群组 于 图层 1(B) 命令，将艺术笔进行拆分，单击属性栏中的"解散群组"按钮 ，将图形解散，单击部分图形，按"Delete"键将其删除，保留两个较大的圆气球，效果如图 10.1.17 所示。

（19）按住"Ctrl"键单击气球下的线，群组图形中的细线被选中，单击"Delete"键，将细线删除并调整其位置和大小，效果如图 10.1.18 所示。

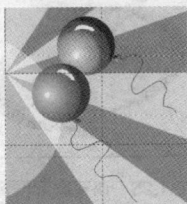

图 10.1.17　编辑艺术笔效果　　　　　图 10.1.18　调整气球大小和位置

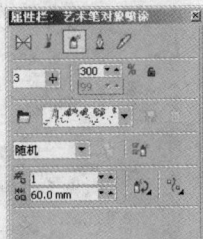

（20）下面将绘制标识，单击工具箱中的"椭圆形工具"按钮 ，绘制两个椭圆，选择"造形"泊坞窗中的 修剪 选项，对图形进行修剪，效果如图 10.1.19 所示。

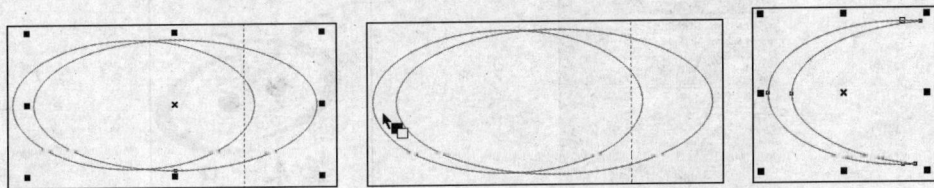

图 10.1.19　修剪效果

（21）单击右侧颜色调色板中的"红色"色块，为图形填充颜色，复制一个月牙形，填充为"绿色"，调整其位置如图 10.1.20 所示。

（22）单击工具箱中的"艺术笔工具"按钮 ，设置其属性栏如图 10.1.21 所示。

图 10.1.20　填充月牙形　　　　　图 10.1.21　"艺术笔工具"属性栏

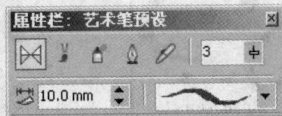

（23）在图中绘制对钩图形，单击工具箱中的"渐变填充工具"按钮▓，设置其渐变为七彩色，设置其他参数如图 10.1.22 所示。

（24）单击 确定 按钮，为图形填充颜色，调整其大小和位置，效果如图 10.1.23 所示。

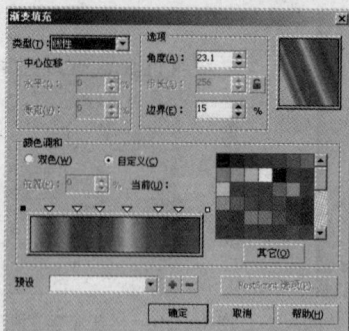

图 10.1.22 "渐变填充"对话框

图 10.1.23 填充效果

（25）单击工具箱中的"椭圆形工具"按钮◯，绘制扇形，设置其属性栏属性如图 10.1.24 所示。

（26）复制一个扇形，调整其位置使其效果如图 10.1.25 所示，选中标识的所有组成部分，单击"群组"按钮▦，将其群组。

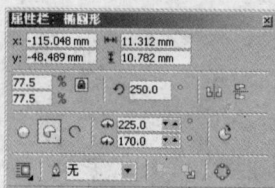

图 10.1.24 "椭圆形工具"属性栏

图 10.1.25 调整扇形位置

（27）单击工具箱中的"文本工具"按钮字，在标识下面输入"再来一口"，设置其属性栏如图 10.1.26 所示。

（28）选中图形和文字，按"C"键将其进行中心对齐，效果如图 10.1.27 所示。

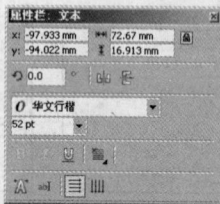

图 10.1.26 "文本工具"属性栏

图 10.1.27 处理后的结果

（29）重复步骤（27）和（28）的操作对标识添加英文并将其群组，效果如图 10.1.28 所示。

（30）复制标识，为气球和"女孩"的衣服添加标识，效果如图 10.1.29 所示。

图 10.1.28 标识效果

图 10.1.29 为图形添加标识

（31）在图中合适位置输入文字"好吃你就再来一口！"，设置其字体为"华文楷体"，字号为"56"，调整其位置如图 10.1.30 所示。

图 10.1.30　添加文字效果

（32）单击工具箱中的"矩形工具"按钮 ，绘制矩形，设置其属性栏属性如图 10.1.31 所示。

（33）单击工具箱中的"渐变工具"按钮 ，在弹出的"渐变填充"对话框中设置其渐变为"黄色到橙红色的渐变"，设置其他参数如图 10.1.32 所示。

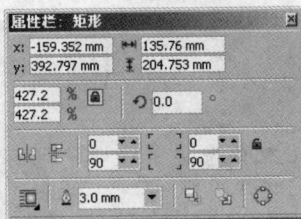

图 10.1.31　"矩形工具"属性栏

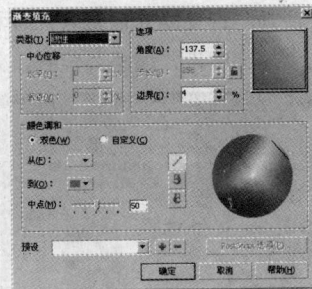

图 10.1.32　"渐变填充"对话框

（34）更改图形轮廓线为"3 mm"，设置其轮廓色为"红色"，效果如图 10.1.33 所示。

（35）将标识及文字复制至图形中，调整其旋转角度和大小，效果如图 10.1.34 所示。

图 10.1.33　轮廓线填充效果

图 10.1.34　挂饰广告 1

（36）复制一个如图 10.1.33 所示的图形，按"F11"键，在弹出的对话框中更改其参数如图 10.1.35 所示。

（37）单击 完成 按钮，其填充效果如图 10.1.36 所示。

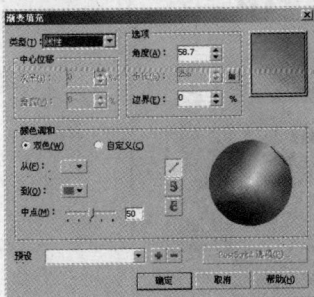

图 10.1.35　"渐变填充"对话框

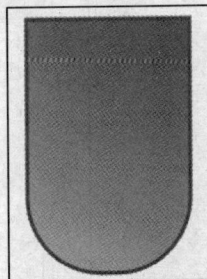

图 10.1.36　填充效果

（38）将"招贴广告内容制作"中的步骤（3）和步骤（4）的图形放置在图形的合适位置，效果如图 10.1.37 所示。

（39）将标识中的文字部分拆分放置于图形的下方，效果如图 10.1.38 所示。

图 10.1.37　添加图形　　　　　　　图 10.1.38　挂饰广告 2

（40）将两种挂饰广告复制并调整其位置和大小，效果如图 10.1.39 所示。

（41）复制几个挂饰广告，调整其位置，效果如图 10.1.40 所示。

图 10.1.39　为图形添加挂饰广告　　　　　　图 10.1.40　添加其他挂饰广告

（42）选择 视图(V) → ✓ 辅助线(I) 命令将辅助线隐藏，最终效果如图 10.1.1 所示。

# 10.2　包装展开图设计

## 【实现目标】

本节设计香皂的包装展开图，最终效果如图 10.2.1 所示。

图 10.2.1　效果图

**【设计思路】**

在设计的过程中，使用绘图工具、文本工具与编辑工具等。

**【操作步骤】**

（1）选择菜单栏中的 文件(F) → 🗋 新建(N)　　　　Ctrl+N 命令，新建一个图形文件。

（2）选择菜单栏中的 版面(L) → 📄 页面设置(P)... 命令，弹出 选项 对话框，设置纸张的大小为 "300 mm×320 mm"。

（3）选择 视图(V) → 辅助线(I) 命令，将辅助线显示出来，根据需要拉出所需要的辅助线，效果如图 10.2.2 所示。

（4）选择 视图(V) → 贴齐辅助线(U) 命令，单击工具箱中的"矩形工具"按钮 🔲，在绘图区中绘制一个矩形对象，使其贴齐辅助线，效果如图 10.2.3 所示。

图 10.2.2　设置辅助线　　　　　　　　　图 10.2.3　绘制矩形

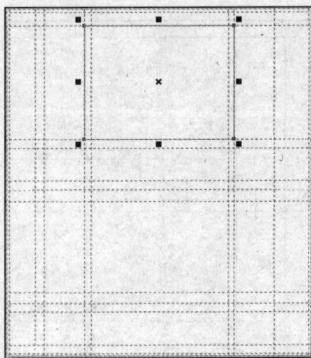

（5）单击工具箱中的"矩形工具"按钮 🔲，贴齐辅助线绘制矩形，效果如图 10.2.4 所示。

（6）使用挑选工具选择绘制的两个矩形对象，按住"Ctrl"键的同时，按住鼠标左键将所选的两个矩形垂直拖动，至适当的位置后单击鼠标右键复制对象，如图 10.2.5 所示。

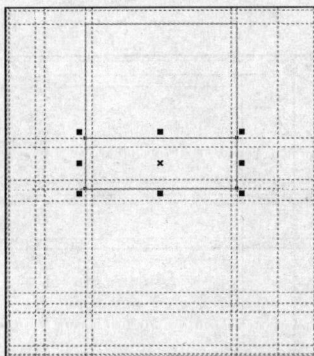

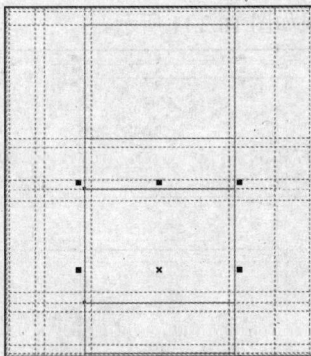

图 10.2.4　绘制矩形　　　　　　　　　图 10.2.5　拖动并复制对象

（7）单击工具箱中的"矩形工具"按钮 🔲，绘制一个矩形，使其与绘制的第一个矩形对齐，效果如图 10.2.6 所示。

（8）复制一个矩形，放于垂直方向的第三个矩形的右侧，效果如图 10.2.7 所示。

（9）使用同样的方法为包装盒绘制其他矩形，效果如图 10.2.8 所示。

（10）按"Ctrl+Q"组合键，将上一步绘制的矩形转换为曲线，单击工具箱中的"形状工具"按钮![按钮图标]，调节矩形，效果如图 10.2.9 所示。

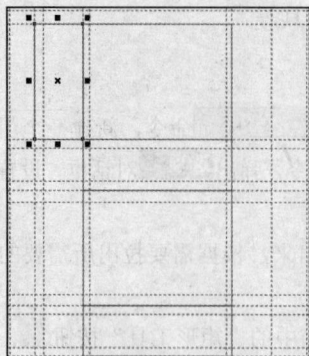

图 10.2.6　绘制矩形

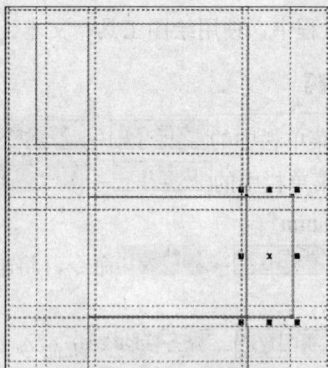

图 10.2.7　复制矩形

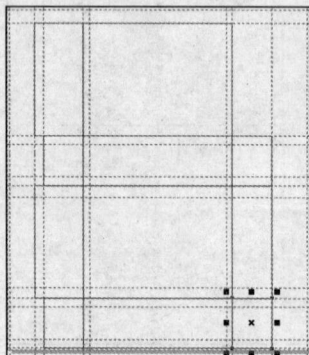

图 10.2.8　绘制矩形

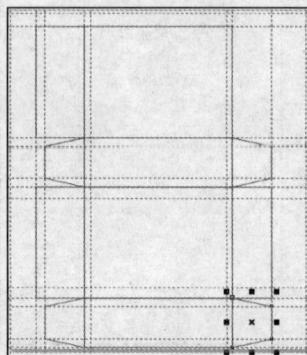

图 10.2.9　调节矩形后效果

（11）单击工具箱中的"矩形工具"按钮，在中间最上端的矩形上面绘制矩形，在![参数框]中更改其上面的两个角为圆角"80"，效果如图 10.2.10 所示。

（12）贴齐辅助线绘制矩形，调整其位置，按"Ctrl＋Q"组合键将其转化为曲线，用形状工具进行变换，效果如图 10.2.11 所示。

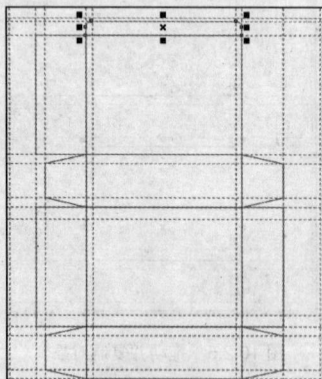

图 10.2.10　绘制圆角矩形

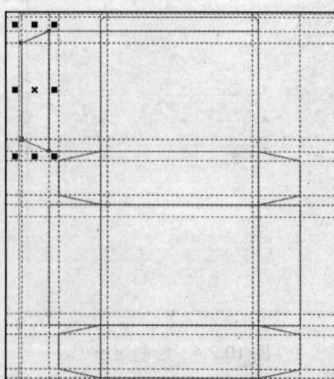

图 10.2.11　调节矩形效果

（13）再复制一个调整后的对象，镜像处理后排放在如图 10.2.12 所示的位置。

（14）选择 ![视图(V)] ➔ ![辅助线(I)] 命令，将辅助线隐藏，使包装盒的基本构架显现得更明显，效果如图 10.2.13 所示。

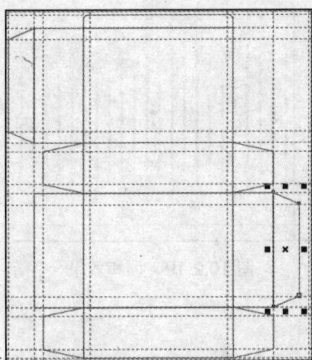

图 10.2.12 绘制矩形对象

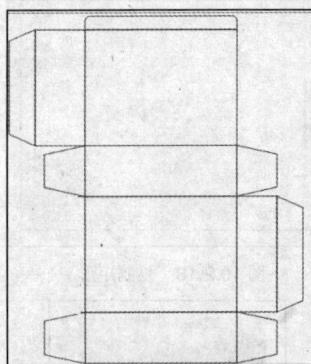

图 10.2.13 调整矩形的形状

（15）单击工具箱中的"矩形工具"按钮，绘制细长矩形，将其轮廓线设置为"无"，设置其填充渐变为"酒绿到绿到酒绿的渐变"，设置其他参数如图 10.2.14 所示。

（16）单击 确定 按钮，填充后效果如图 10.2.15 所示。

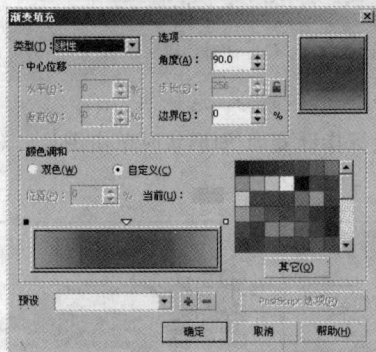

图 10.2.14 "渐变填充"对话框

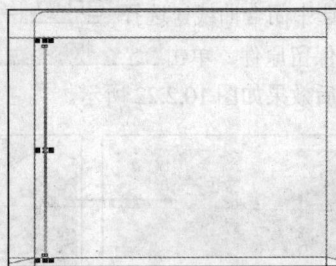

图 10.2.15 填充效果

（17）单击工具箱中的"交互式透明工具"按钮，单击调和后图形，设置其属性栏参数如图 10.2.16 所示。

（18）调整添加透明度后的图形，效果如图 10.2.17 所示。

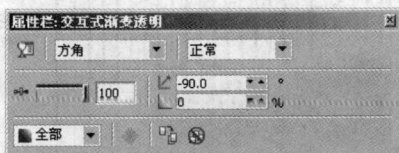

图 10.2.16 "交互式透明工具"属性栏

图 10.2.17 渐变效果

（19）复制一个矩形，将其放置于矩形右侧，效果如图 10.2.18 所示。

（20）单击工具箱中的"交互式调和工具"按钮，在两个矩形之间拖动，如图 10.2.19 所示。

（21）单击工具栏中的"导入"按钮，导入需要的图片"树叶"和"山水"，效果如图 10.2.20 所示。

（22）单击工具箱中的"贝塞尔工具"按钮，沿山水的边缘进行描边，如图 10.2.21 所示。

图 10.2.18 复制矩形

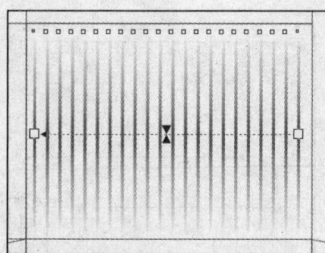

图 10.2.19 调和效果

图 10.2.20 导入图片

图 10.2.21 绘制闭合曲线

（23）选中闭合曲线，选择 窗口(W) → 泊坞窗(D) → 造形(P) 命令，选择 相交 选项，不选择任何保留原件，单击 相交 按钮，当鼠标指针变为 形状时单击图片，对图片进行修剪，修剪后效果如图 10.2.22 所示。

图 10.2.22 修剪图片

（24）将图片调整到合适位置，单击工具箱中的"交互式透明工具"按钮 ，在图片上拖动，为图片添加透明效果，设置其透明参数如图 10.2.23 所示。

（25）调整透明度后图片效果如图 10.2.24 所示。

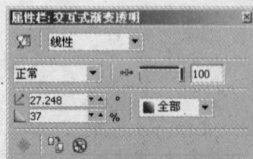

图 10.2.23 "交互式透明工具"属性栏

图 10.2.24 添加透明度后效果

（26）选中"树叶"图片，选择 位图(B) → 位图颜色遮罩(M) 命令，打开 位图颜色遮罩 泊坞窗，设置其参数如图 10.2.25 所示。

（27）单击"颜色选择"按钮 ，在图片中吸取白色，单击 应用 按钮，效果如图 10.2.26 所示。

图 10.2.25　"位图颜色遮罩" 泊坞窗

图 10.2.26　去色后效果

（28）单击工具箱中的 "文本工具" 按钮 ，在合适位置输入文字 "soap"，设置其轮廓线为 "1.5 mm"，设置其属性栏及文字效果如图 10.2.27 所示。

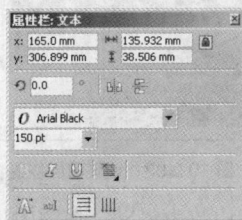

图 10.2.27　文本属性及文本效果

（29）按 "Ctrl+Q" 组合键，将文字转换为曲线，单击工具箱中的 "形状工具" 按钮 ，调整图形，使其效果如图 10.2.28 所示。

（30）单击工具箱中的 "矩形工具" 按钮 ，在图中绘制矩形，按 "F11" 键弹出 "渐变填充" 对话框，设置其渐变为 "月光绿到酒绿的渐变"，设置其他参数如图 10.2.29 所示。

图 10.2.28　调整曲线

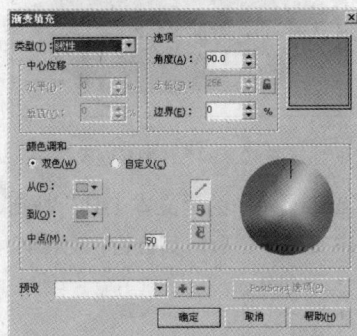

图 10.2.29　"渐变填充" 对话框

（31）单击 按钮，确定对图形的填充，除去其轮廓色，效果如图 10.2.30 所示。

（32）单击工具箱中的 "交互式透明工具" 按钮 ，为图形添加透明度效果，设置好其参数，效果如图 10.2.31 所示。

（33）复制三个矩形，调整其图层位置，旋转其角度，使其效果如图 10.2.32 所示。

（34）选中三个矩形，按 "Ctrl+G" 组合键将其群组。

（35）按 "Ctrl+PageDown" 组合键将其置于 "soap" 下方，调整其位置，效果如图 10.2.33 所示。

图 10.2.30  填充效果

图 10.2.31  添加透明度后效果

图 10.2.32  旋转角度

图 10.2.33  调整图层位置

（36）单击工具箱中的"多边形工具"按钮，设置其边数为"5"，在图中拖动绘制五边形，将其填充为"红色"，轮廓线为"无"，效果如图 10.2.34 所示。

（37）单击工具箱中的"交互式变形工具"按钮，对五边形进行拖动变形后单击"中心变形"按钮，效果如图 10.2.35 所示。

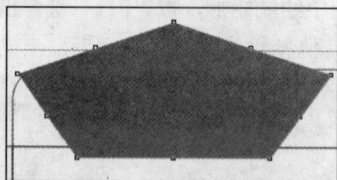

图 10.2.34  绘制五边形

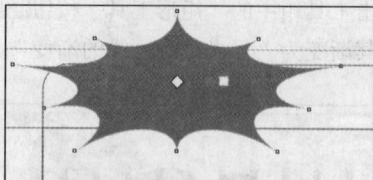

图 10.2.35  变形后效果

（38）单击工具箱中的"文本工具"按钮，为图形添加文本"抗菌型"，如图 10.2.36 所示。

（39）选中文字和图形将其群组，旋转其角度，调整其至包装盒合适位置，使其效果如图 10.2.37 所示。

图 10.2.36  输入的文字

图 10.2.37  调整图形位置

（40）单击工具箱中的"文本工具"按钮，在图中合适位置输入"雨露"，设置其属性栏及文字效果如图 10.2.38 所示。

图 10.2.38  "文本工具"属性栏及文字效果

（41）单击工具箱中的"文本工具"按钮 字 ，在图中合适位置输入"香皂"，设置其属性栏及文字效果如图 10.2.39 所示。

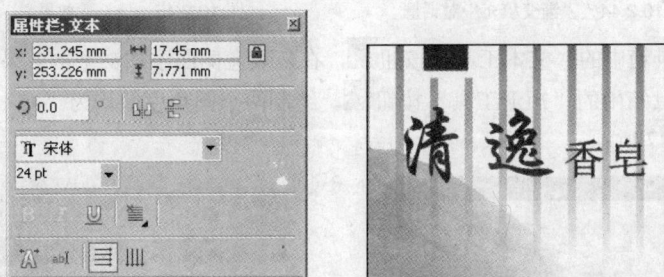

图 10.2.39  "文本工具"属性栏及文字效果

（42）单击工具箱中的"贝塞尔工具"按钮 ，绘制一条直线，设置其轮廓线为"0.75 mm"，效果如图 10.2.40 所示。

（43）复制一条直线，将其向下移动到合适位置，效果如图 10.2.41 所示。

图 10.2.40  绘制直线

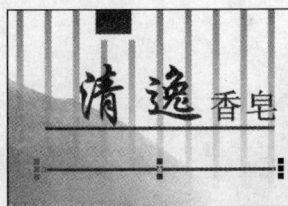

图 10.2.41  绘制红色矩形

（44）选中两条直线，按"Ctrl+G"组合键将其群组。

（45）单击工具箱中的"交互式透明工具"按钮 ，调整其效果如图 10.2.42 所示。

（46）单击工具箱中的"文本工具"按钮 字 ，在两条直线之间输入文字"含天然精华素"，效果如图 10.2.43 所示。

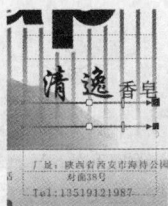

图 10.2.42  调整透明度效果

图 10.2.43  添加文字

（47）将包装盒侧面图形复制，按"F11"键弹出"渐变填充"对话框，设置其渐变为"酒绿到白色的渐变",设置其他参数如图 10.2.44 所示。

（48）单击 确定 按钮,填充后效果如图 10.2.45 所示。

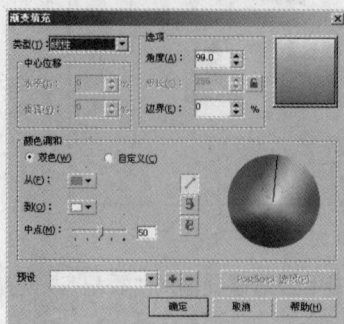

图 10.2.44　"渐变填充"对话框　　　　　图 10.2.45　填充后效果

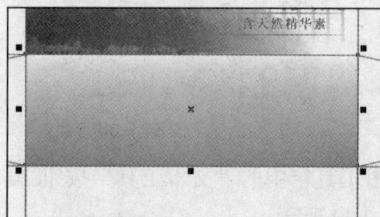

（49）单击工具箱中的"文本工具"按钮字,在包装盒侧面添加文字,效果如图 10.2.46 所示。

（50）单击工具箱中的"矩形工具"按钮,绘制两个圆角度数均为"45"度的圆角矩形,调整其位置如图 10.2.47 所示。

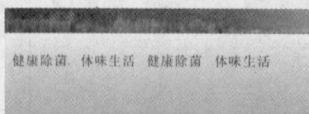

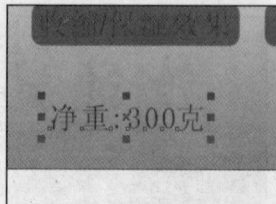

图 10.2.46　添加文字效果　　　　　图 10.2.47　绘制圆角矩形

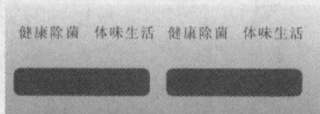

（51）在圆角矩形上面添加文字,效果如图 10.2.48 所示。

（52）单击工具箱中的"文本工具"按钮字,在侧面合适位置输入"净重:300 克",效果如图 10.2.49 所示。

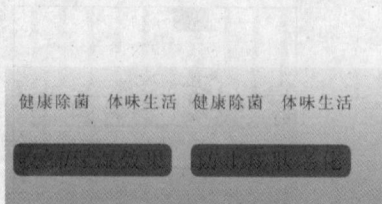

图 10.2.48　添加文字效果　　　　　图 10.2.49　添加文字效果

（53）在包装盒侧面的右上方输入公司联系方式,效果如图 10.2.50 所示。

（54）单击工具栏中的"导入"按钮,导入"条形码"文件,调整其大小和位置,使其效果如图 10.2.51 所示。

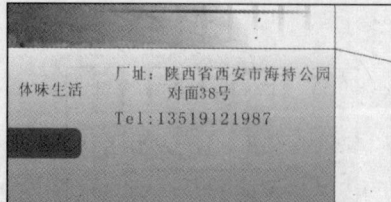

图 10.2.50　添加联系方式　　　　　图 10.2.51　导入条形码

（55）绘制一个与包装盒正面相同大小的矩形,将包装盒正面内容群组后复制,将其放入框中进行精确裁剪,效果如图 10.2.52 所示。

（56）将精确裁剪后的图形放置于包装盒的合适位置，效果如图 10.2.53 所示。

图 10.2.52　精确裁剪效果

图 10.2.53　调整图形位置

（57）重复步骤（55）的操作，将包装盒侧面群组，对包装盒的侧面进行精确裁剪，效果如图 10.2.54 所示。

（58）将裁剪后图形垂直翻转后再水平翻转，调整其位置，使其效果如图 10.2.55 所示。

（59）选中包装盒侧面盖子，对其填充为"酒绿到白色渐变"，效果如图 10.2.56 所示。

（60）将步骤（36）～（46）之间所绘制的部分进行调节与组合，将其放置于包装盒的盖子部分，效果如图 10.2.57 所示。

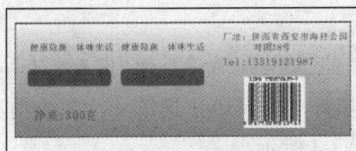

图 10.2.54　精确裁剪效果

图 10.2.55　调整图形位置

（61）重复步骤（55）和（56）的操作，效果如图 10.2.58 所示。

（62）至此，包装盒的平面图制作完成，最终效果如图 10.2.1 所示。

图 10.2.56　填充效果　　　图 10.2.57　调整内容位置　　　图 10.2.58　复制并调整位置

# 10.3　名 片 设 计

## 【实现目标】

本例将设计名片，最终效果如图 10.3.1 所示。

（a）名片正面　　　　　　　　　　　　　　（b）名片背面

图 10.3.1　名片设计

## 【设计思路】

在设计过程中，将使用导入命令、文本工具、形状工具、挑选工具等，读者应在实践中掌握相关命令和工具的使用方法，并领悟名片的设计技巧。

## 【操作步骤】

（1）选择菜单栏中的 `文件(F)` → `新建(N)　　　　　Ctrl+N` 命令，新建一个图形文件。

（2）选择菜单栏中的 `版面(L)` → `页面设置(P)…` 命令，弹出 `选项` 对话框，设置纸张的大小为 90 mm×55 mm。

（3）单击工具箱中的"矩形工具"按钮 ▣，绘制一个与页面大小相同的矩形，单击工具箱中的"渐变填充工具"按钮 ▣，设置其参数如图 10.3.2 所示。

（4）选择菜单栏中的 `文件(F)` → `导入(I)…　　　　Ctrl+I` 命令，弹出 `导入` 对话框，从中选择需要导入的图片，单击 `导入` 按钮，此时，鼠标指针变为黑色角形符号，在绘图页面中单击可导入图片，按"P"键，将图片居中对齐，效果如图 10.3.3 所示。

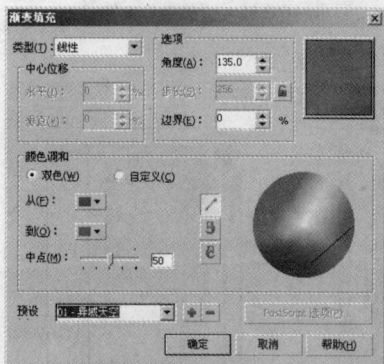

图 10.3.2　"渐变填充"对话框

图 10.3.3　导入的图片

（5）选择菜单栏中的 `文件(F)` → `打开(O)…　　　　Ctrl+O` 命令，打开标识文件，将标识拖入文件，调节其位置，效果如图 10.3.4 所示。

（6）单击工具箱中的"矩形工具"按钮□，绘制一个细长的矩形，宽度与导入图片相同，填充颜色为"C：25，M：93，Y：95，K：0"，效果如图 10.3.5 所示。

图 10.3.4　导入标识

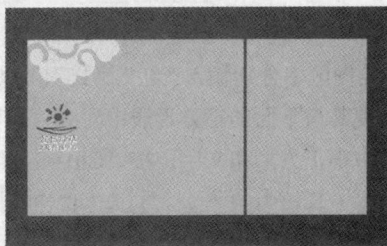

图 10.3.5　绘制矩形

（7）复制矩形，将其左移，更改其长度为原来的一半，效果如图 10.3.6 所示。

（8）复制此矩形，将其向左拖动，效果如图 10.3.7 所示。

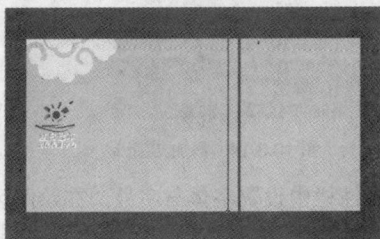

图 10.3.6　复制并调整矩形

图 10.3.7　复制矩形

（9）单击工具箱中的"交互式调和工具"按钮，在两个较细的矩形之间拖动，设置其步长为"12"，效果如图 10.3.8 所示。

（10）单击工具箱中的"交互式透明工具"按钮，为调和后图形添加透明度效果，设置其属性栏如图 10.3.9 所示。

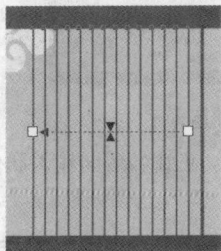

图 10.3.8　调和后效果

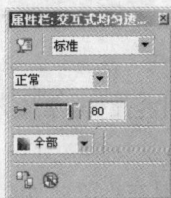

图 10.3.9　"交互式透明工具"属性栏

（11）单击工具箱中的"矩形工具"按钮□，按住"Ctrl"键绘制一个小正方形，填充颜色为"C：25，M：93，Y：95，K：0"，轮廓线颜色为"无"，效果如图 10.3.10 所示。

（12）复制 4 个小正方形，将其均匀分布，效果如图 10.3.11 所示。

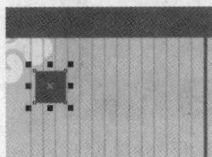

图 10.3.10　绘制小正方形

图 10.3.11　复制小正方形

（13）单击工具箱中的"文本工具"按钮 字，设置其他参数如图 10.3.12 所示。

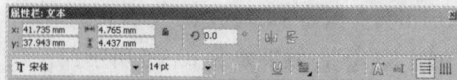

图 10.3.12    "文本工具"属性栏

（14）在绘图区中分别输入"红"、"日"、"绿"、"草"四个文字，设置其颜色及轮廓线为"黄色"，排列其位置，使其与下面的正方形居中对齐，如图 10.3.13 所示。

（15）选中小正方形和文字，按"Ctrl+G"组合键将其群组。

（16）单击工具箱中的"文本工具"按钮 字，在属性栏中设置字体为"宋体"，字号为"9"，在绘图区中输入垂直排列的文本，如图 10.3.14 所示。

图 10.3.13    添加文字

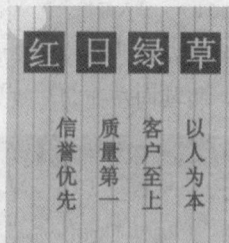

图 10.3.14    添加文字

（17）单击工具箱中的"文本工具"按钮 字，在属性栏中设置字体与字号，在绘图区中输入名片拥有者姓名，如图 10.3.15 所示。

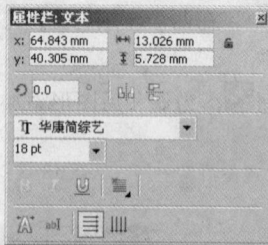

图 10.3.15    属性栏及其效果图

（18）更改文字属性栏属性，字体为"宋体"，字号为"7"，在姓名后面输入职位，效果如图 10.3.16 所示。

（19）使用文本工具在绘图页面的下方输入邮箱地址等信息，如图 10.3.17 所示。

图 10.3.16    添加职位

图 10.3.17    添加其他文本

（20）至此，名片正面制作完成，最终效果如图 10.3.1（a）所示。

（21）新建一个页面，设置其大小与前一个相同。

（22）绘制一个长为"90 mm"宽为"55 mm"的矩形，填充如图 10.3.2 所示的颜色，按"P"键将其居中对齐，效果如图 10.3.18 所示。

（23）打开"标识"文件，将其标识图片导入，将不同形式的标识放置于不同位置，调整其大小，效果如图 10.3.19 所示。

图 10.3.18　绘制矩形

图 10.3.19　导入标识

（24）选中中间的图形，调节其透明度为"50"，效果如图 10.3.20 所示。

（25）单击工具箱中的"文本工具"按钮 字，在合适位置输入文字，设置好其属性，文字效果如图 10.3.21 所示。

图 10.3.20　调节透明度后效果

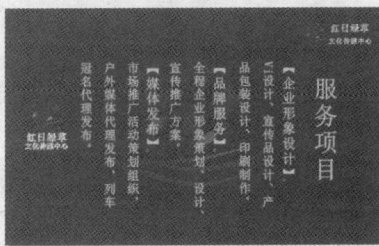

图 10.3.21　输入文字

（26）至此，名片背面制作完成，最终效果如图 10.3.1（b）所示。

# 10.4　封面设计

**【实现目标】**

本例设计图书封面，最终效果如图 10.4.1 所示。

图 10.4.1　图书封面效果

**【设计思路】**

在设计的过程中，使用矩形工具、文本工具、椭圆工具以及各类填充工具等。

**【操作步骤】**

（1）选择菜单栏中的 文件(F) → 新建(N) 命令，再选择 版面(L) → 页面设置(P)… 命令，在弹出的 选项 对话框中设置纸张大小为"386 mm×266 mm"，单击 确定 按钮。

（2）选择菜单栏中的 工具(O) → 选项(O)… 命令，在弹出的 选项 对话框中选择辅助线为"水平"，设置其水平辅助线参数如图 10.4.2 所示。

（3）同样的方法设置其垂直辅助线参数如图 10.4.3 所示。

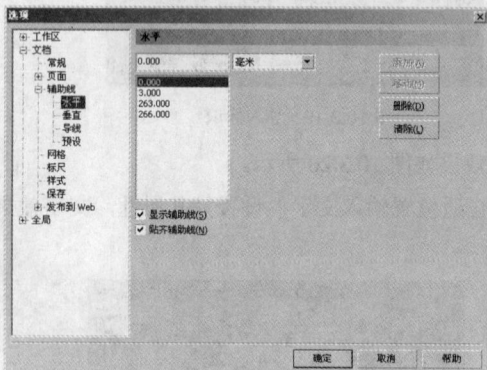

图 10.4.2　水平辅助线参数

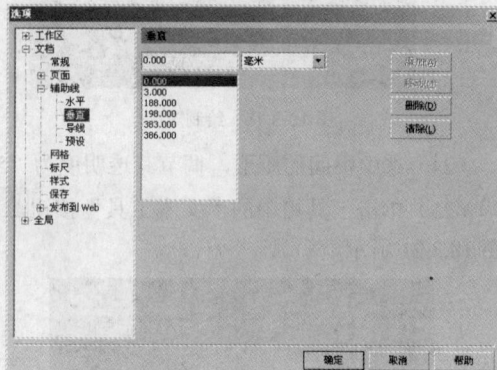

图 10.4.3　垂直辅助线参数

（4）双击工具箱中的"矩形工具"按钮，在绘图页面中绘制一个与页面大小相同的矩形，单击右侧颜色调色板中的（C："25"，M："93"，Y："95"，K："0"）色块，轮廓线设置为"无"，填充效果如图 10.4.4 所示。

（5）选择 文件(F) → 导入(I)… 命令，在弹出的 导入 对话框中选择要导入的图片，单击 导入 按钮，将选择的图片导入，调整其高度为"266 mm"，按"P"键，将图片居中对齐，效果如图 10.4.5 所示。

图 10.4.4　填充效果

图 10.4.5　导入图片

（6）单击工具栏中的"导入"按钮，导入一张图片，调整其位置与页面的右下角，效果如图 10.4.6 所示。

（7）单击工具箱中的"矩形工具"按钮，绘制一个矩形，将其填充为"白色"，效果如图 10.4.7 所示。

图 10.4.6　导入图片

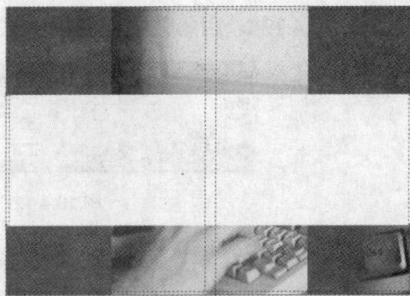

图 10.4.7　绘制矩形

（8）单击工具箱中的"交互式透明工具"按钮，调整其透明模式为"标准"，调整其透明度为"60%"，效果如图 10.4.8 所示。

（9）单击工具箱中的"矩形工具"按钮，在页面的中间部分绘制一个长为"10 mm"、宽为"266 mm"的矩形，将其填充为"黑色"，将矩形作为书脊，效果如图 10.4.9 所示。

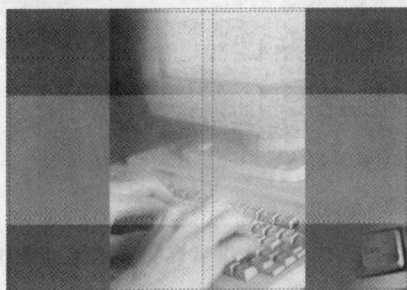

图 10.4.8　调整透明度效果

图 10.4.9　绘制书脊

（10）单击工具箱中的"文本工具"按钮，在页面右侧输入书名，设置其参数及文字效果如图 10.4.10 所示。

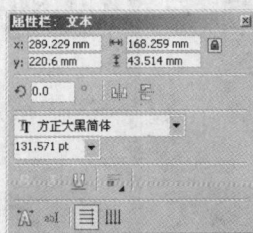

图 10.4.10　文字属性及效果

（11）复制书名，将其稍扩大，更改其填充色与轮廓色均为"白色"，按"Ctrl+Pagedown"组合键将其下移一层，效果如图 10.4.11 所示。

图 10.4.11　添加文字

（12）单击工具箱中的"交互式阴影工具"按钮，在文字上拖动，为文字添加阴影，设置好其参数（见图 10.4.12），阴影效果如图 10.4.13 所示。

图 10.4.12　"交互式阴影"属性栏

图 10.4.13　阴影效果

（13）单击工具箱中的"文本工具"按钮 字，在书名下面输入书名的拼音形式，设置好其参数（见图 10.4.14），文字效果如图 10.4.15 所示。

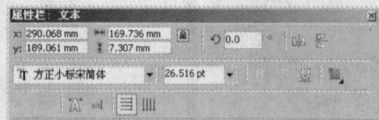

图 10.4.14　"文字工具"属性栏

图 10.4.15　文字效果

（14）设置文字字体为"方正大黑简体"，在页面右侧合适位置输入编者名称，效果如图 10.4.16 所示。

（15）同样的方法，调整好文字的属性在封底部分输入中文书名和拼音形式，调整好其位置，效果如图 10.4.17 所示。

图 10.4.16　添加文字

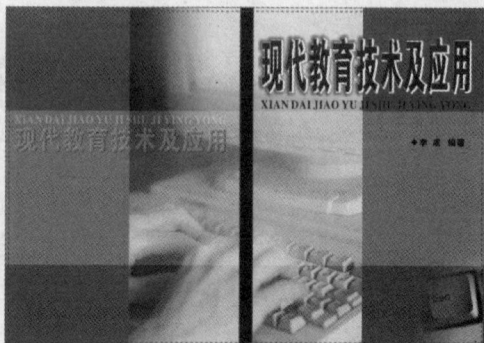

图 10.4.17　添加文字

（16）单击工具箱中的"文本工具"按钮 字，在封底合适位置添加责任编辑合适的文字及书号，效果如图 10.4.18 所示。

（17）单击工具箱中的"贝塞尔工具"按钮 ，在书号之间绘制直线，调节其线宽为"0.3 mm"效果如图 10.4.19 所示。

（18）单击工具箱中的"矩形工具"按钮 ，在封面下方部分绘制小矩形，按"F11"键填充"渐变填充"对话框，设置其参数如图 10.4.20 所示。

（19）单击 确定 按钮填充后效果如图 10.4.21 所示。

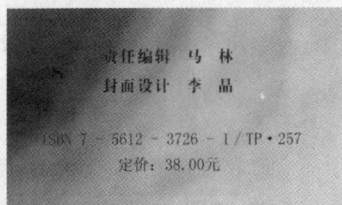

图 10.4.18  文字效果

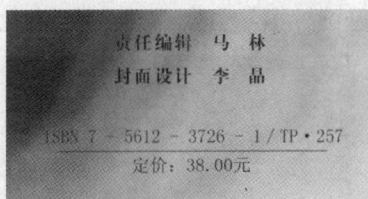

图 10.4.19  添加直线

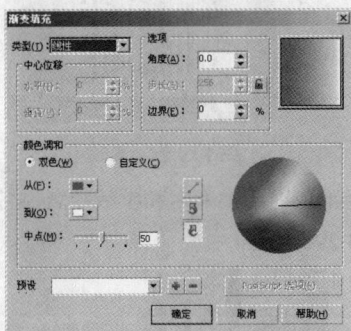

图 10.4.20  "渐变填充"对话框

图 10.4.21  绘制矩形

（20）单击工具箱中的"交互式透明工具"按钮 ，在矩形上拖动，设置透明度后效果如图 10.4.22 所示。

（21）选择菜单栏中的 文件(F) → 打开(O)… Ctrl+O 命令，打开出版社标识和社名，复制其至文件中，调整其位置至如图 10.4.23 所示位置。

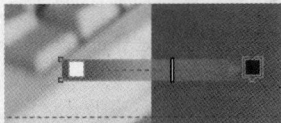

图 10.4.22  调整透明度效果

图 10.4.23  添加书名

（22）选择 编辑(E) → 插入条形码(B)… 命令，弹出 条码向导 对话框，在各选项中按需要设置参数，设置其他参数如图 10.4.24 所示。

（23）设置完成后，单击 下一步 按钮，在各项中按需要设置参数，如图 10.4.25 所示。

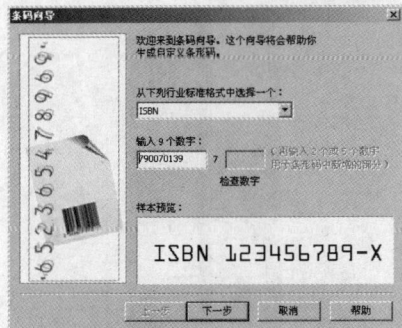

图 10.4.24  设置条形码参数

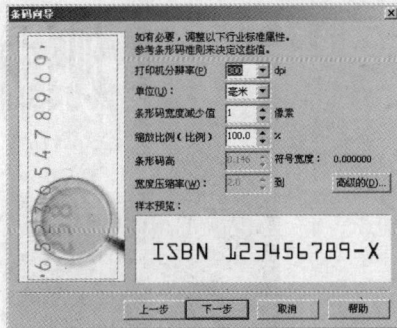

图 10.4.25  设置条形码文本格式

（24）设置完成后，单击 下一步 按钮，在各选项中按需要设置参数，如图 10.4.26 所示。

（25）单击"完成"按钮，插入条形码后效果如图 10.4.27 所示。

（26）单击工具箱中的"矩形工具"按钮 ，在书脊部分绘制两个小矩形，将其填充为（C："25"，

M："93"，Y："95"，K："0"），效果如图 10.4.28 所示。

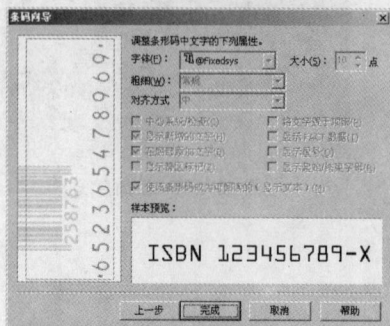

图 10.4.26　插入条形码

图 10.4.27　条形码

（27）在书脊部分再绘制两个矩形，以便在绘制的矩形上面添加书名和出版社名，将其填充为（sC："23"，M："80"，Y："92"，K："0"），效果如图 10.4.29 所示。

图 10.4.28　绘制矩形

图 10.4.29　修剪后图形

（28）单击工具箱中的"文本工具"按钮，在书脊合适位置添加书名和编者名，调整其位置，效果如图 10.4.30 所示。

（29）从打开的出版社名文件中复制出版社标识和出版社名，粘贴在书脊部分，调整其位置，效果如图 10.4.31 所示。

图 10.4.30　添加文字

图 10.4.31　添加出版社名

（30）按"Ctrl+A"组合键，选中所有图形，按"Ctrl+Q"组合键，将图形全部转换为曲线，最终效果如图 10.4.1 所示。

# 第11章 上机指导

【学习目标】

本章通过上机指导来增强用户的实际操作能力，帮助用户检验和巩固前面所学的知识。

【学习要点】

★ 熟悉各个工具的使用方法
★ 掌握绘制图形的技巧

## 11.1 启动和退出 CorelDRAW X4

【上机内容】

练习软件的启动和退出。

【上机目的】

（1）掌握 CorelDRAW X4 的启动方法。

（2）掌握 CorelDRAW X4 的退出方法。

【上机操作】

（1）选择 开始 → 程序(P) → CorelDRAW Graphics Suite X4 → CorelDRAW X4 命令，菜单如图 11.1.1 所示。

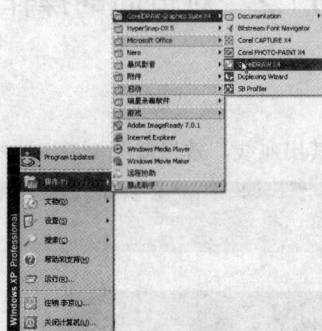

图 11.1.1 启动 CorelDRAW X4 菜单

（2）选择该程序的名称后，屏幕上出现 CorelDRAW X4 的初始界面，如图 11.1.2 所示。

（3）进入 CorelDRAW X4 后，则显示 CorelDRAW X4 的欢迎界面，如图 11.1.3 所示。

（4）单击欢迎界面上的 新建空文件 用默认的设置开始新建一个空白文件。按钮可进入 CorelDRAW X4 工作界面，同时新建一个文件，其界面如图 11.1.4 所示。

（5）选择菜单栏中 文件(F) → 退出(X) Alt+F4 命令，或单击界面右上角的 X 按钮即可退出文件。

图 11.1.2　初始界面

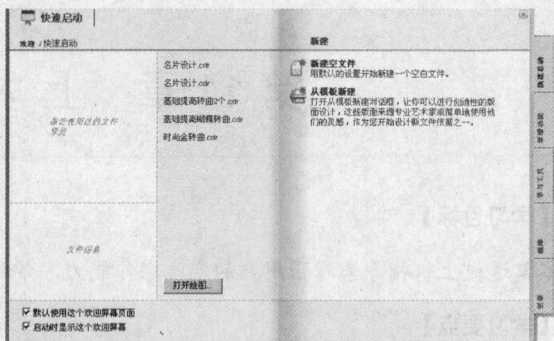

图 11.1.3　欢迎界面

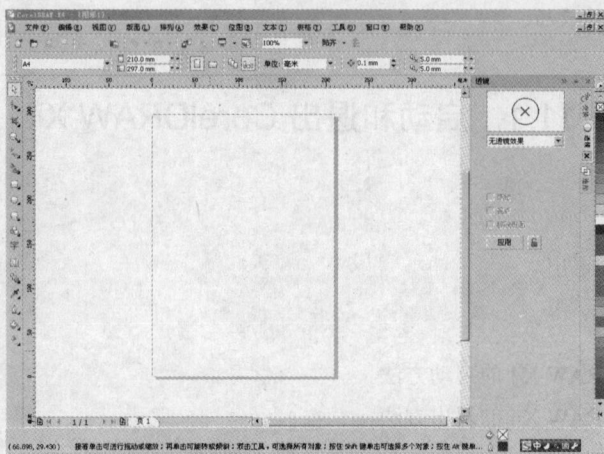

图 11.1.4　CorelDRAW X4 工作界面

## 11.2　对页面的操作

**【上机内容】**

打开文件，调整辅助线，设置其出血线，效果如图 11.2.1 所示。

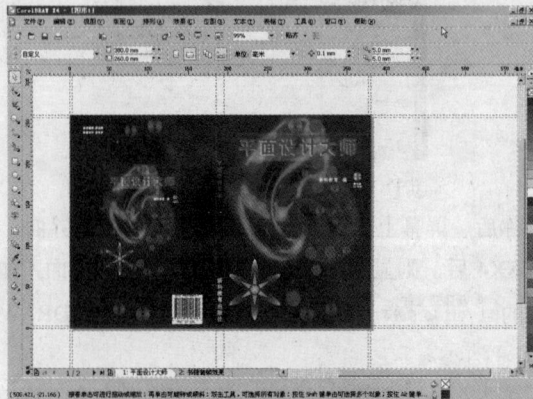

图 11.2.1　最终效果图

**【上机目的】**

（1）掌握辅助线的设置方法。

（2）掌握页面操作的方法。

（3）掌握文件打开的方法。

**【上机操作】**

（1）选择 开始 → 程序(P) → CorelDRAW Graphics Suite X4 ▶ → CorelDRAW X4 命令，启动软件。

（2）选择菜单栏中的 文件(F) → 打开(O)… Ctrl+O 命令，弹出"打开文件"对话框，选择需要的文件，效果如图 11.2.2 所示。

（3）单击 打开 按钮即可打开文件，如图 11.2.3 所示。

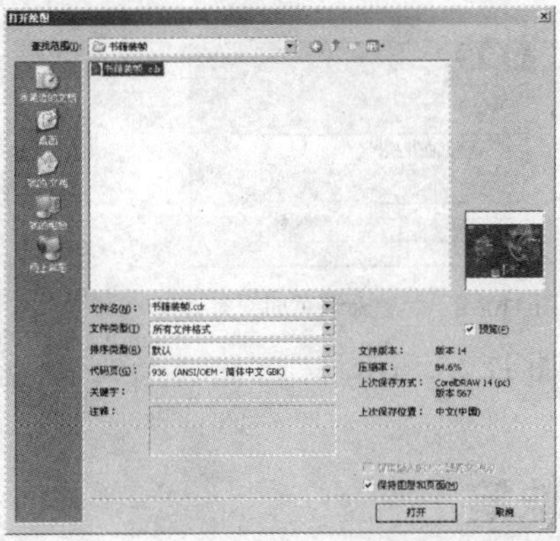

图 11.2.2 "打开文件"对话框

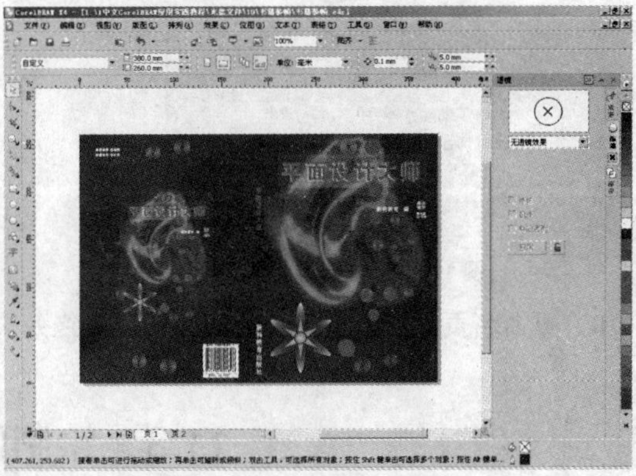

图 11.2.3 打开文件

（4）选择 视图(V) → 设置(T) → ? 辅助线设置(T)… 命令，弹出 选项 对话框，选择右侧的 水平 选项，设置其辅助线参数如图 11.2.4 所示。

（5）设置好水平辅助线后选择 垂直 选项，设置其参数如图 11.2.5 所示。

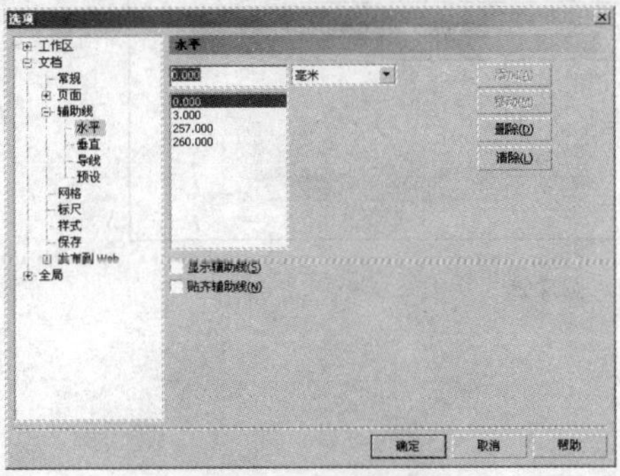

图 11.2.4 设置水平辅助线参数

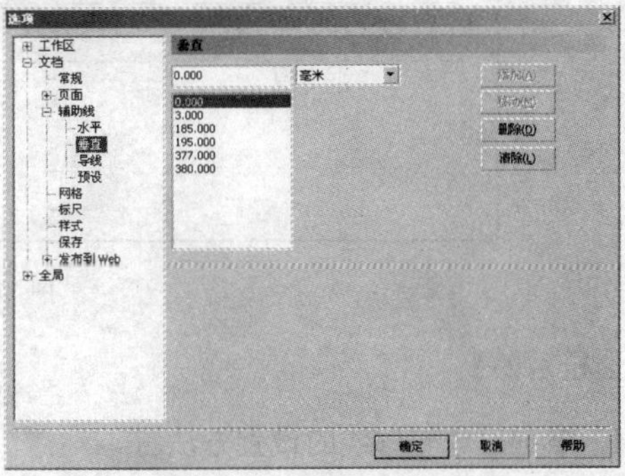

图 11.2.5 设置垂直辅助线参数

（6）设置好垂直辅助线后单击 确定 按钮，设置完辅助线效果如图 11.2.6 所示。

（7）选择 版面(L) → 重命名页面(A)… 命令，弹出 重命名页面 对话框，在其输入框中输入如图 11.2.7 所示的页面名称。

（8）选择 版面(L) → 插入页(I)… 命令，在弹出的"插入页面"对话框中设置其参数，效果如图 11.2.8 所示。

（9）重复步骤（7）的操作，对文件 2 进行重命名，输入如图 11.2.9 所示的页面名称。

图 11.2.6 添加辅助线效果

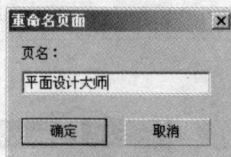

图 11.2.7 "重命名页面"对话框

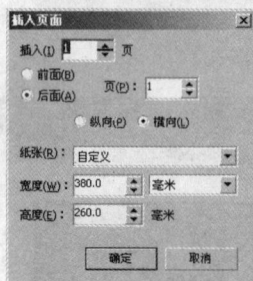

图 11.2.8 "插入页面"对话框

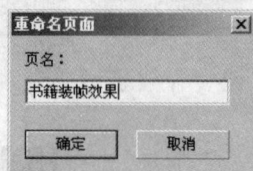

图 11.2.9 "重命名页面"对话框

（10）重命名页面后单击 确定 按钮，最终效果如图 11.2.1 所示。

# 11.3 绘制圆珠笔

## 【上机内容】

本例将绘制圆珠笔，最终效果如图 14.3.1 所示。

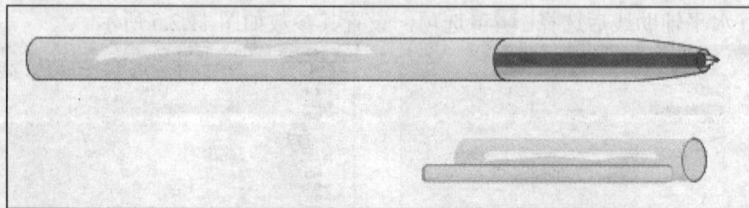

图 11.3.1 圆珠笔

## 【上机目的】

（1）掌握对象轮廓线的设置方法。

（2）掌握填充工具的使用方法。

（3）掌握基本图形的绘制方法。

## 【上机操作】

（1）选择菜单栏中的 文件(F) → 新建 (N) Ctrl+N 命令，新建一个图形文件。

（2）单击工具箱中的"椭圆形工具"按钮，在绘图区中拖动绘制一个纵向椭圆。

（3）单击工具箱中的"矩形工具"按钮，在椭圆的顶端中心部位向右拖动绘制矩形，效果如图 11.3.2 所示。

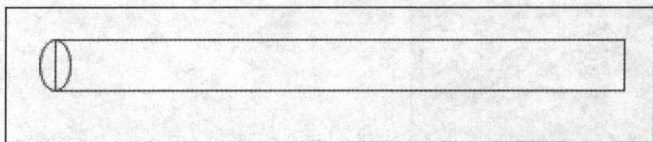

图 11.3.2 绘制笔管

（4）选中椭圆，按住"Ctrl"键，然后再按住鼠标左键，然后水平移动椭圆，直到将椭圆移动到矩形的另一端，先单击鼠标右键，再释放鼠标左键，复制并调整图形的位置；效果如图 11.3.3 所示。

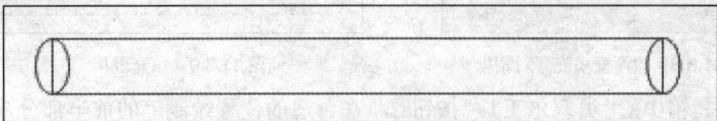

图 11.3.3 复制并调整椭圆

（5）选择菜单栏中的 窗口(W) → 泊坞窗(D) → 造形(P) 命令，打开 造形 泊坞窗，选择 焊接 选项，设置其他参数如图 11.3.4 所示。

（6）选中左侧小椭圆，单击 焊接到 按钮，当光标变为 形状后单击长矩形，焊接后效果如图 11.3.5 所示。

图 11.3.4 "造形"泊坞窗

图 11.3.5 焊接后效果

（7）在"造形"泊坞窗中选择 修剪 选项，设置其属性如图 11.3.6 所示。

（8）选中右侧的小椭圆，单击 修剪 按钮，当光标变为 形状后单击矩形，修剪后效果如图 11.3.7 所示。

图 11.3.6 "造形"泊坞窗

图 11.3.7 修剪后效果

（9）选中左侧焊接后的图形，单击工具箱中的"渐变填充工具"按钮，设置其渐变，第一个色值为（C：3，M：2，Y：21，K：0），位置为"0%"，第二个色值为（C：5，M：4，Y：68，K：0），位置为"80%"，第三个色值为（C：7，M：5，Y：92，K：0），位置为"100%"，设置其他参数如图 11.3.8 所示。

（10）单击 确定 按钮，填充后效果如图 11.3.9 所示。

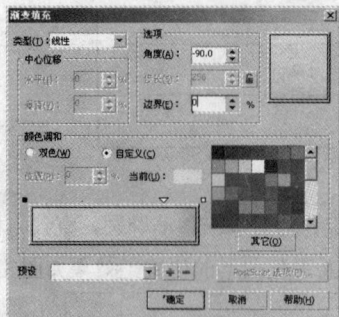

图 11.3.8 "渐变填充"对话框　　　　　　图 11.3.9 填充效果

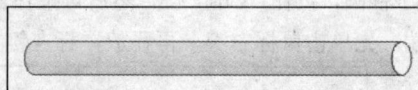

（11）单击工具箱中的"贝塞尔工具"按钮，在合适的位置绘制笔的前半部分，效果如图 11.3.10 所示。

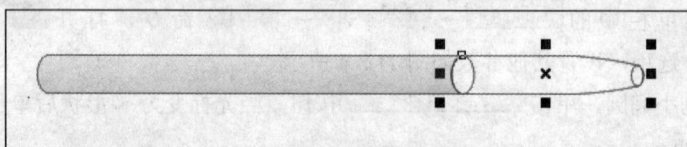

图 11.3.10 绘制笔的前半部分

（12）单击工具箱中的"渐变填充工具"按钮，设置其渐变为：第一个颜色为（C：13，M：12，Y：12，K：0），位置为"0%"，第二个颜色为（C：2，M：3，Y：2，K：0），位置为"15%"，第三个颜色为（C：7，M：6，Y：5，K：0），位置为"45%"，第四个颜色为（C：0，M：0，Y：0，K：20），位置为"75%"，第五个颜色为（C：0，M：0，Y：0，K：0），位置为"100%"，设置其他参数如图 11.3.11 所示。

（13）单击 确定 按钮，填充后效果如图 11.3.12 所示。

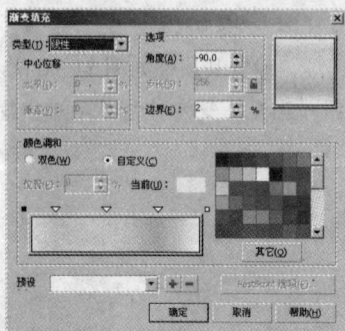

图 11.3.11 "渐变填充"对话框　　　　　　图 11.3.12 填充后效果

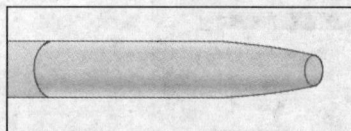

（14）单击工具箱中的"矩形工具"按钮，绘制圆角度数为"60"的矩形，填充为"蓝色"，效果如图 11.3.13 所示。

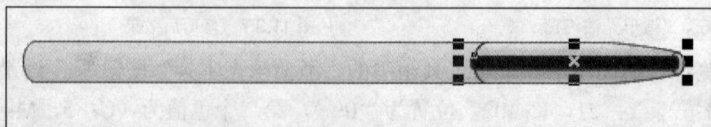

图 11.3.13 绘制笔芯

（15）单击工具箱中的"透明度工具"按钮，设置其模式为"标准"，设置其透明度为"40"，调整图层顺序后效果如图 11.3.14 所示。

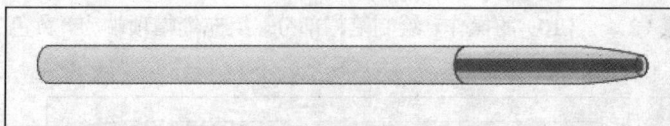

图 11.3.14 调整笔芯透明度

（16）单击工具箱中的"贝塞尔工具"按钮 ![icon]，绘制笔尖，效果如图 11.3.15 所示。

（17）单击工具箱中的"渐变填充工具"按钮 ![icon]，设置其渐变为"10%"黑到白色到"20%"黑的渐变，设置其他参数如图 11.3.16 所示。

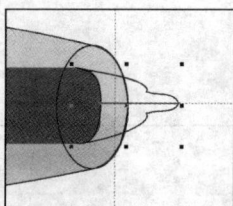

图 11.3.15 绘制笔尖

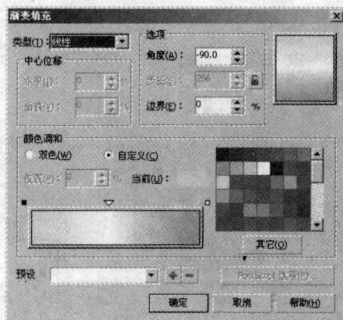

图 11.3.16 "渐变填充"对话框

（18）单击 ![确定] 按钮，填充后效果如图 11.3.17 所示。

（19）单击工具箱中的"贝塞尔工具"按钮 ![icon]，绘制笔的高光部分，效果如图 11.3.18 所示。

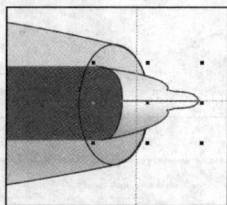

图 11.3.17 填充效果

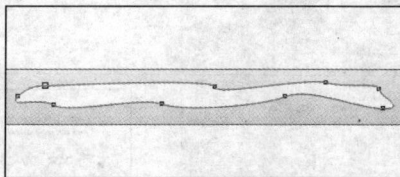

图 11.3.18 绘制图形

（20）单击工具箱中的"交互式阴影工具"按钮 ![icon]，在高光对象上按住鼠标左键拖动，创建阴影效果，如图 11.3.19 所示。

（21）设置交互式阴影工具属性栏属性如图 11.3.20 所示。

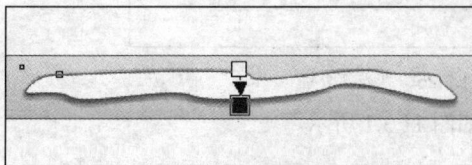

图 11.3.19 阴影效果

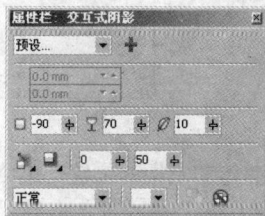

图 11.3.20 "交互式阴影工具"属性栏

（22）调整图形及阴影的大小和位置，效果如图 11.3.21 所示。

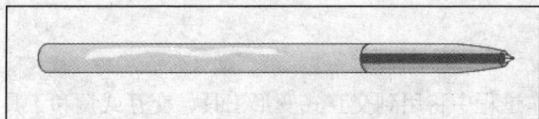

图 11.3.21 高光效果

（23）重复步骤（2）～（10）的操作，绘制笔帽部分，填充笔帽顶端为"黄色"，效果如图 11.3.22 所示。

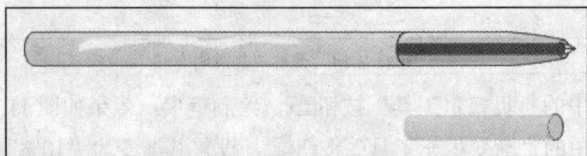

图 11.3.22　绘制笔帽

（24）绘制圆角度数为"60"的矩形，设置其渐变参数和填充效果如图 11.3.23 所示。

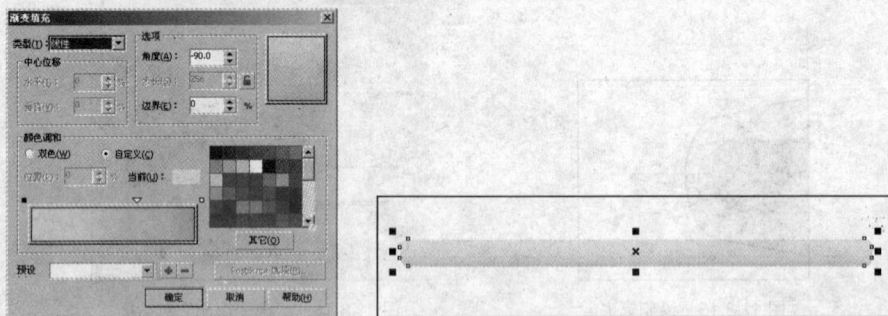

图 11.3.23　"渐变填充"对话框和效果图

（25）单击工具箱中的"交互式阴影工具"按钮，设置其属性栏和阴影效果如图 11.3.24 所示。

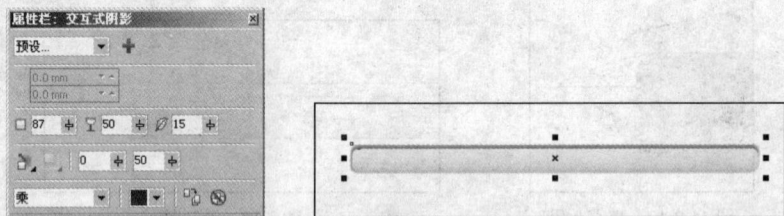

图 11.3.24　"交互式阴影工具"属性栏和效果图

（26）重复步骤（19）～（22）的操作绘制笔帽的高光部分，效果如图 11.3.25 所示。

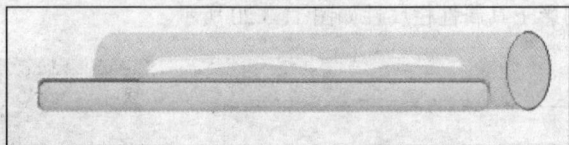

图 11.3.25　高光部分

（27）调整笔和笔帽的位置，最终效果如图 11.3.1 所示。

# 11.4　绘制花朵

【上机内容】

　　本例将绘制花朵，制作过程中将用到交互式变形工具、交互式调和工具以及交互式阴影工具等，最终效果如图 11.4.1 所示。

图 11.4.1　最终效果图

**【上机目的】**

掌握交互式工具的使用方法。

**【上机操作】**

（1）选择菜单栏中的 文件(F) → 新建(N)　　　　Ctrl+N 命令，新建一个图形文件。

（2）单击工具箱中的"多边形工具"按钮 ，在属性栏中设置多边形的端点数为 6，按住"Ctrl"键的同时，在绘图区中拖动鼠标绘制多边形对象，如图 11.4.2 所示。

（3）在交互式工具组中单击"交互式变形工具"按钮 ，在属性栏中单击"推拉变形"按钮 ，在多边形对象上按住鼠标左键拖动，创建推拉变形效果，如图 11.4.3 所示。

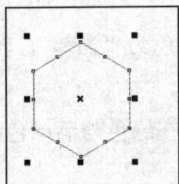

图 11.4.2　绘制多边形对象　　　　图 11.4.3　创建推拉变形效果

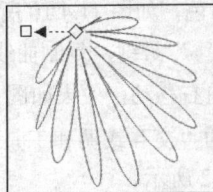

（4）在属性栏中单击"中心变形"按钮 ，围绕对象中心点进行变形，效果如图 11.4.4 所示。

（5）在调色板中单击黄色色块，将变形后的对象填充为黄色，如图 11.4.5 所示。

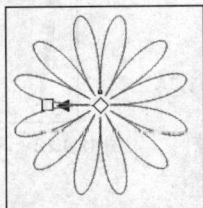

图 11.4.4　中心变形　　　　　　图 11.4.5　填充对象

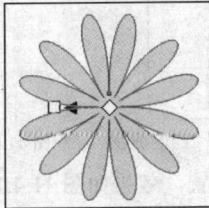

（6）在调色板中用鼠标右键单击 图标，去掉对象的轮廓线。

（7）按住"Shift"键的同时，将鼠标指针移全对象 4 角的任意一个控制点上，按住鼠标左键拖动，等比例缩小对象，至适当位置后，单击鼠标右键复制对象，在调色板中单击红色色块，将复制的对象填充为红色，如图 11.4.6 所示。

（8）重复步骤（7）的操作，再等比例缩小并复制一个对象，将其填充为橘红色，如图 11.4.7 所示。

（9）单击工具箱中的"交互式调和工具"按钮 ，在红色与橘黄色对象之间拖动鼠标创建交互式调和效果，如图 11.4.8 所示。

　　（10）单击工具箱中的"椭圆形工具"按钮 ，在红色花朵对象上拖动鼠标绘制椭圆对象，并将其填充为黑色，复制出多个黑色椭圆对象，排放在适当位置，如图 11.4.9 所示。

图 11.4.6　填充复制的对象

图 11.4.7　填充对象为黄色

图 11.4.8　创建交互式调和效果

图 11.4.9　绘制黑色椭圆对象

　　（11）单击工具箱中的"贝塞尔工具"按钮 ，在绘图区中绘制曲线，并将其轮廓线宽设置为"4 mm"，设置其颜色为绿色，如图 11.4.10 所示。

　　（12）按小键盘区的"+"号键，复制曲线，更改其颜色为"酒绿"，轮廓线宽度为"1.5 mm"，按小键盘区的方向键使其向右移动，效果如图 11.4.11 所示。

　　（13）单击工具箱中的"交互式调和工具"按钮 ，在绿色与酒绿色线条之间拖动鼠标创建交互式调和效果，如图 11.4.12 所示。

图 11.4.10　绘制曲线

图 11.4.11　复制并调整

图 11.4.12　调和效果

　　（14）调整花茎的位置，效果如图 11.4.13 所示。

　　（15）单击工具箱中的"贝塞尔工具"按钮 ，绘制叶子并填充为"绿色"，效果如图 11.4.14 所示。

　　（16）单击工具箱中的"贝塞尔工具"按钮 ，为叶子添加叶脉，效果如图 11.4.15 所示。

图 11.4.13　调整花茎位置

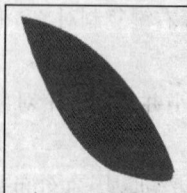

图 11.4.14　绘制艺术图形并填充

图 11.4.15　调整对象的位置

（17）复制并调整叶子的大小和位置，效果如图 11.4.16 所示。

（18）单击工具箱中的"贝塞尔工具"按钮 ，绘制叶柄，效果如图 11.4.17 所示。

图 11.4.16 复制对象并排列

图 11.4.17 绘制封闭的图形

（19）按"Ctrl+A"组合键选中所有图形，单击工具栏中的"群组"按钮 将其群组。

（20）复制花朵并调整花朵大小和位置，最终效果如图 11.4.1 所示。

# 11.5 制作"魔方"效果

【上机内容】

本例将制作"魔方"效果，制作过程中将用图纸工具和精确裁剪等，最终效果如图 11.5.1 所示。

图 11.5.1 最终效果图

【上机目的】

掌握精确裁剪工具的使用方法。

【上机操作】

（1）选择菜单栏中的 文件(F) → 新建(N) Ctrl+N 命令，新建一个图形文件。

（2）单击工具栏中的"导入"按钮 ，导入需要的图片，效果如图 11.5.2 所示。

（3）单击工具箱中的"裁剪工具"按钮 ，对图像进行裁剪，使其成为正方形，效果如图 11.5.3 所示。

图 11.5.2 导入图像

图 11.5.3 裁剪后图形

（4）单击工具箱中的"图纸工具"按钮，绘制一个行和列均为"3"的正方形，效果如图 11.5.4 所示。

（5）按 "F12" 键，弹出 "轮廓笔" 对话框，设置其参数如图 11.5.5 所示。

图 11.5.4　绘制正方形　　　　　图 11.5.5　"轮廓笔" 对话框

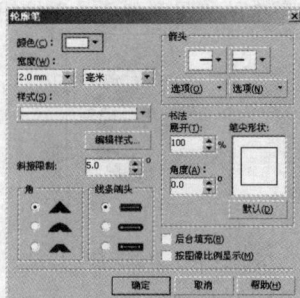

（6）单击 确定 按钮，轮廓线效果如图 11.5.6 所示。

（7）将图片和图纸分开，选择 效果(C) → 图框精确剪裁(W) → 放置在容器中(P)… 命令，当鼠标变为黑箭头时单击图纸，将图片放入图纸中，效果如图 11.5.7 所示。

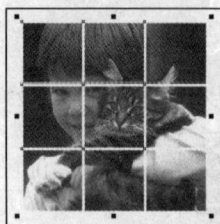

图 11.5.6　轮廓线效果　　　　　图 11.5.7　放入容器效果

（8）选择 排列(A) → 转换为曲线(V) 命令，将图形转化为曲线，效果如图 11.5.8 所示。

（9）单击工具栏中的 "解散群组" 按钮，将图片解散为小正方形，移动小正方形，效果如图 11.5.9 所示。

图 11.5.8　转换为曲线　　　　　图 11.5.9　解散群组

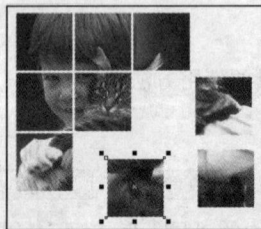

（10）将右下角的图形删除，选择 排列(A) → 对齐和分布(A) → 对齐和分布(A) 命令，将小正方形对齐并分布均匀，最终效果如图 11.5.1 所示。

# 11.6　制作 "卷页" 效果

**【上机内容】**

本例将制作 "卷页" 效果，制作过程中将用导入、框架滤镜以及卷页滤镜等，最终效果如图 11.6.1 所示。

图 11.6.1　制作"卷页"效果

【上机目的】

掌握滤镜的使用方法。

【上机操作】

（1）选择菜单栏中的 文件(F) → 新建 (N)　　　　　　Ctrl+N 命令，新建一个图形文件。

（2）选择菜单栏中的 文件(F) → 导入(I)... 命令，弹出 导入 对话框，从中选择所需的位图对象，在 全图像 ▼ 下拉列表中选择 裁剪 选项，如图 11.6.2 所示。

（3）单击 导入 按钮，弹出 裁剪图像 对话框，在此对话框中设置对象的裁剪尺寸，如图 11.6.3 所示。

图 11.6.2　"导入"对话框

图 11.6.3　"裁剪图像"对话框

（4）单击 确定 按钮，此时，鼠标指针显示为如图 11.6.4 所示的状态。

（5）在绘图区中单击鼠标左键，将裁剪后的位图对象导入到绘图区中，如图 11.6.5 所示。

图 11.6.4　鼠标状态

图 11.6.5　导入裁剪后的对象

（6）选择菜单栏中的 位图(B) → 创造性(V) → 框架(R)... 命令，弹出 框架 对话框，设置参数如图 11.6.6 所示。

（7）单击 ▢确定▢ 按钮，为所选的位图对象添加框架样式，效果如图 11.6.7 所示。

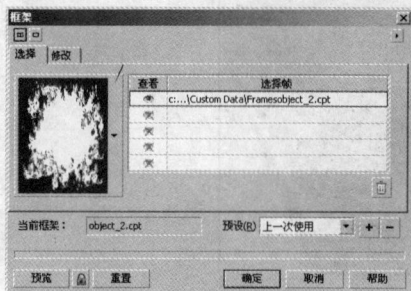

图 11.6.6　"框架"对话框

图 11.6.7　应用框架滤镜后的效果

（8）选择菜单栏中的 ▢位图(B)▢ → ▢三维效果(3)▢ → ▢卷页(A)...▢ 命令，弹出 卷页 对话框，设置参数如图 11.6.8 所示。

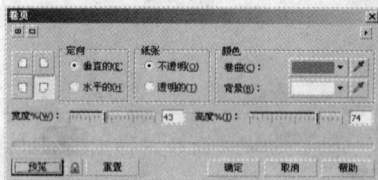

图 11.6.8　"卷页"对话框

（9）单击 ▢确定▢ 按钮，可应用卷页滤镜效果，最终的卷页效果如图 11.6.1 所示。

# 11.7　制作"双喜字"效果

【上机内容】

本例将制作"双喜字"效果，在制作过程中，将用到颜色填充和对象修剪等工具，最终效果如图 11.7.1 所示。

图 11.7.1　"双喜字"效果

【上机目的】

（1）掌握位图的转换方法。

（2）掌握颜色填充和对象修剪等工具的使用方法。

【上机操作】

（1）选择 ▢文件(F)▢ → ▢新建(N)　　　　Ctrl+N▢ 命令，新建文件，设置其属性栏如图 11.7.2 所示。

| 自定义 | ▾ | ▯ 200.0 mm | ▯ 100.0 mm | ▯ ▯ | ▯ ▯ | 单位：毫米 | ▾ | ◇ -0.1 mm | ▯ 5.0 mm | ▯ 5.0 mm |

图 11.7.2　文件属性栏

（2）单击工具箱中的"矩形工具"按钮▢，在图中绘制一个与画布大小相同的矩形。设置其渐变为橙色到红色的渐变，设置其他参数如图 11.7.3 所示。

（3）单击 确定 按钮，填充矩形，效果如图 11.7.4 所示。

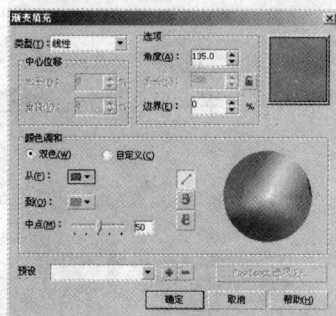

图 11.7.3　"渐变填充"对话框　　　　　图 11.7.4　渐变效果

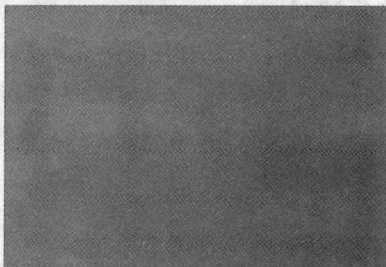

（4）选择 位图(B) → 转换为位图(_)… 命令，弹出"转换为位图"对话框，如图 11.7.5 所示。

（5）单击 确定 按钮，将图形转化为位图。选择 位图(B) → 创造性(V) → 天气(W)… 命令，弹出"天气"对话框，设置其参数如图 11.7.6 所示。

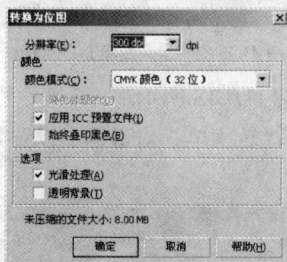

图 11.7.5　"转换为位图"对话框　　　　　图 11.7.6　"天气"对话框

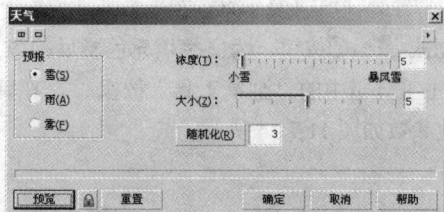

（6）单击 确定 按钮，为图片添加天气的滤镜，效果如图 11.7.7 所示。

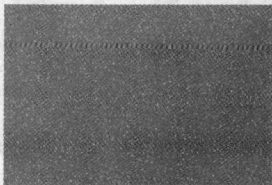

图 11.7.7　添加天气效果

（7）单击工具箱中的"文本工具"按钮字，在文中输入"喜"字，设置其属性如图 11.7.8 所示。

| x: 143.854 mm | ↔↔ 222.885 mm | 🔒 | ◯ 0.0 | ⬚ ⬚ | 〒 汉鼎简大黑 | ▾ | 200 pt | ▾ | U ▾ | ▯ ▯ | A͟ ᵃᴵ |
| y: -3.372 mm | ↕ 65.464 mm | | | | | | | | | | |

图 11.7.8　"文本工具"属性栏

（8）按小键盘区的"+"号键复制文字，调整文字的位置如图 11.7.9 所示。

（9）选中两个文字，选择 排列(A) → 转换为曲线(V) 命令，将文字转化为曲线。

（10）选择工具箱中的"形状工具"按钮⬚，调整曲线，使调整后的效果如图 11.7.10 所示。

図 11.7.9　调整文字的位置　　　　　　　　　　図 11.7.10　调整曲线效果

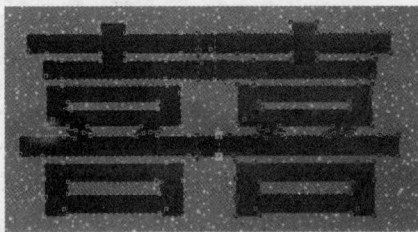

（11）选择 窗口(W) → 泊坞窗(D) → 造形(P) 命令，打开"造形"泊坞窗，选择其中的 焊接 选项，不选择任何保留原件。选择一个"喜"字，单击 焊接到 按钮后单击另一个"喜"字，焊接后的效果如图 11.7.11 所示。

（12）单击工具箱中的"渐变填充工具"按钮 ，设置其渐变为"橙—褐—黄—浅褐—黄—青黄"，设置其他参数如图 11.7.12 所示。

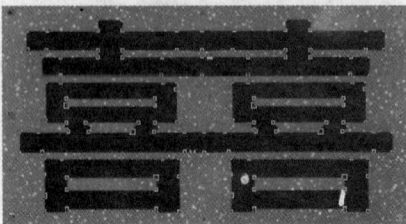

図 11.7.11　焊接后效果　　　　　　　　図 11.7.12　"渐变填充"对话框

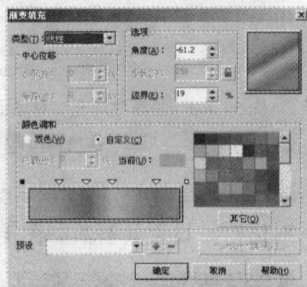

（13）单击 确定 按钮，为文字填充色彩后的效果如图 11.7.13 所示。

（14）单击工具箱中的"画笔工具"按钮 ，在弹出的"轮廓笔"对话框中设置其颜色为"黄色"，设置其他参数如图 11.7.14 所示。

図 11.7.13　文字填充效果　　　　　　　　図 11.7.14　"轮廓笔"对话框

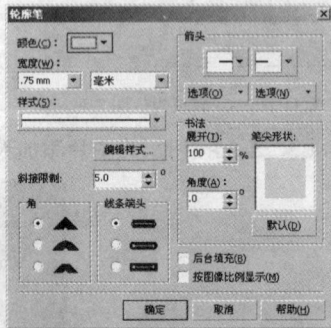

（15）单击 确定 按钮，为图形添加轮廓线，调整其位置及大小，最终效果如图 11.7.1 所示。

# 11.8　制作信封

【上机内容】

利用矩形命令、排列和分布命令制作一个信封，最终效果如图 11.8.1 所示。

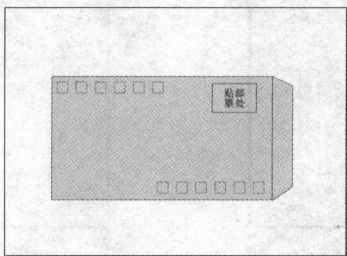

图 11.8.1　最终效果图

【上机目的】

（1）掌握矩形工具的使用。

（2）掌握排列和分布对象的方法。

（3）了解文本工具的使用方法。

【上机操作】

（1）在菜单栏中选择 文件(F) → 新建(N)　　　　　　Ctrl+N 命令，新建一个文件。

（2）单击其属性栏中的"横向"按钮 ▭ ，更改绘图页面的方向。

（3）单击工具箱中的"矩形工具"按钮 ▭ ，在绘图页面中创建一个长为"176 mm"，宽为"125 mm"的矩形，作为信封的主体，再绘制一个小矩形，调整其位置如图 11.8.2 所示。

（4）选中较小的矩形，单击其属性栏中的"转换为曲线"按钮 ，将其转换为曲线。

（5）单击工具箱中的"形状工具"按钮 ，对转换后的矩形形状进行调节，其效果如图 11.8.3 所示。

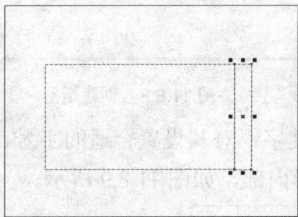

图 11.8.2　创建矩形

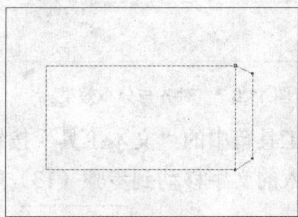

图 11.8.3　调整矩形形状

（6）单击工具箱中的"矩形工具"按钮 ▭ ，在较大矩形内部，按住"Ctrl"键的同时拖动鼠标创建正方形，如图 11.8.4 所示。

（7）确定该正方形为选中状态，鼠标右键单击调色板中的红色色块，对该正方形的轮廓进行颜色的设置。

（8）鼠标左键单击该正方形并将其拖至合适位置，单击鼠标右键后再松开鼠标，对该正方形进行复制。

（9）重复步骤（7）的操作，可得到如图 11.8.5 所示的效果。

（10）单击工具箱中的"挑选工具"按钮 ，按住"Shift"键的同时单击创建的各个正方形，将其全部选中。

（11）选择 排列(A) → 对齐和分布(A) → 对齐和分布(A) 命令，在弹出的 对齐与分布 对话框中进行设置，如图 11.8.6 所示。

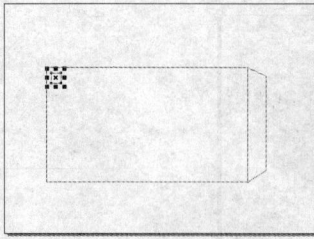

图 11.8.4　创建正方形　　　　　　　　　图 11.8.5　复制正方形

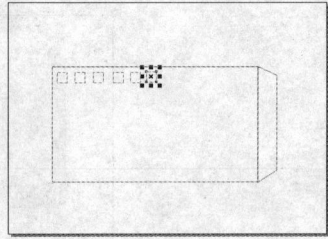

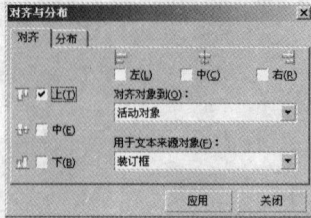

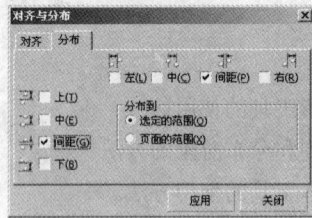

图 11.8.6　"对齐与分布"对话框

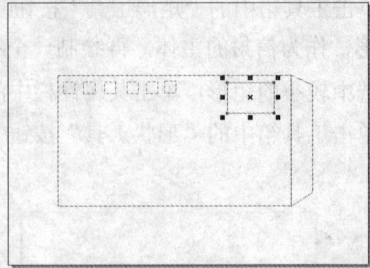

（12）单击该对话框中的 应用 按钮，可得到如 11.8.7 所示的效果。

（13）重复步骤（3）的操作，创建如图 11.8.8 所示的矩形。

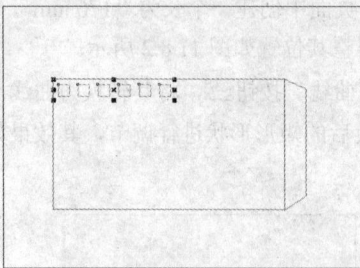

图 11.8.7　对齐与分布效果　　　　　　　图 11.8.8　创建矩形

（14）单击工具箱中的"文本工具"按钮 字，输入文字，对其设置合适的字号、字体和颜色。

（15）将输入的文字移动到步骤（13）所创建的矩形内部，如图 11.8.9 所示。

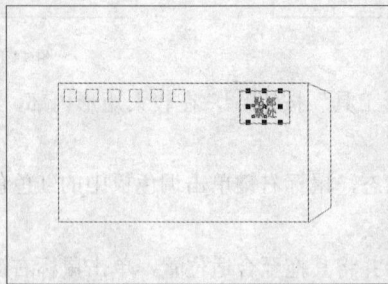

图 11.8.9　移动文字

（16）选中所有的正方形对其进行复制，并将其移动到合适的位置。

（17）对步骤（3）中所创建的矩形填充合适的颜色，可得到如图 11.8.1 所示的效果。